W0086628

Franziska Brandt-Biesler
Rainer Krumm

So wird verkauft!

**Werteorientiertes Verkaufen
mit den 9 Levels**

Bibliografische Information der Deutschen Nationalbibliothek

Die Deutsche Nationalbibliothek verzeichnet diese Publikation
in der Deutschen Nationalbibliografie; detaillierte bibliografische Daten
sind im Internet über http://dnb.d-nb.de abrufbar.

ISBN 978-3-86936-665-4

Lektorat: Sabine Rock, Frankfurt am Main | www.druckreif-rock.de
Umschlaggestaltung: Martin Zech, Bremen | www.martinzech.de
Satz und Layout: Das Herstellungsbüro, Hamburg | www.buch-
herstellungsbuero.de
Druck und Bindung: Salzland Druck, Staßfurt

© 2015 GABAL Verlag GmbH, Offenbach
Alle Rechte vorbehalten. Vervielfältigung, auch auszugsweise,
nur mit schriftlicher Genehmigung des Verlages.

www.gabal-verlag.de
www.twitter.com/gabalbuecher
www.facebook.com/Gabalbuecher

Inhalt

Anhang

Wertschätzung kommt vor Wertschöpfung – Herausforderung und Chance für den Vertrieb

Wellenartig erschüttern Finanzkrisen die Märkte und ganze Volkswirtschaften. Diese globale Fehlentwicklung wirkt sich weltweit im Großen wie im Kleinen aus. Und sie offenbart bei genauem Hinsehen vor allem eines: eine immense Wertekrise! Jahrzehntelang wurde auf die falschen Werte gesetzt – auch im Vertrieb. Jahrzehntelang wurde auf Schneller-größer-weiter gebaut, auf knallharten Wettbewerb, auf unverantwortlichen Absatz. Auf den Zwang schnellen Wachstums. Und auf steigende Renditen. Alles in allem: sicher oft auf die falschen Werte. Und diese Wertekrise führte zur Führungskrise. Die Folge: eklatante Führungsmängel. Wie ich das meine? Noch heute erreichen Korrumpierung und Korruption in Unternehmen und natürlich auch im Vertrieb Höchststände. Topmanager zeigen mit dem Finger aufeinander und weisen Schuld und Verantwortung weit von sich. Sie geben stattdessen Anlegern, Kunden und Shareholdern die Schuld, deren Gier sie vermeintlich gerecht werden müssen. Alle wichtigen Werte, die guter Führung zugrunde liegen, scheinen bislang wenig gezählt zu haben; aber der Wind dreht sich gerade. Die Renaissance – fast hätte ich geschrieben: Konterrevolution – der klassischen ethischen Werte hat längst begonnen.

Werte führen zu Wert

Vertrauen, Verantwortung, Respekt, Integrität, Nachhaltigkeit und Mut: Das sind die sechs wichtigsten Werte, wenn es ums Geschäft geht. Dass es jedoch um das Vertrauen zwischen Führungskraft und Mitarbeitern traurig bestellt ist, bestätigen viele Studien und Umfragen. Integrität – angesichts der vielen Beispiele von hochbezahltem Missmanagement ein geradezu verhöhnter Wert. Mut – Mut zur Kritik, Mut zum Querdenken, Mut zur Innovation: Dieser wird in vielen Firmen fast schon bestraft, zumindest jedoch ignoriert. Dabei gibt es eine Korrelation, eine erkennbare Verbindung, zwischen gelebten Unternehmenswerten und überdurchschnittlichem finanziellen Erfolg. Richtig: Werte führen zu Wert! Und wenn die Energie in Unternehmen wirklich auf den Kunden ausgerichtet ist, stimmt die Strategie. Kunden sind die einzige Quelle, die Geld in die Unternehmen hineinbringt. Dafür erwarten sie eine verbesserte Welt. Das ist der Auftrag, das ist der Deal, um den es in der Wirtschaft geht.

Erst Wertschätzung, dann Wertschöpfung

Bleibt die Frage, wie es Erfolgsunternehmen gelingt, die beschriebenen Werte nicht nur in Grundsatzpapieren niederzuschreiben, sondern sie hochzuhalten und im beruflichen Alltag zu leben. Basis dieses Handelns ist, so simpel es klingt, echte gegenseitige Wertschätzung – ein wichtiger Wert, der etwas in Vergessenheit geraten ist. Jetzt besinnen sich die Ersten darauf und stellen sich neu auf. Und das ist meiner Erfahrung nach auch dringend nötig. Es geht in der Wirtschaft und im Arbeitsleben heute härter zu als früher. Gerade jetzt ist der Druck auf den Vertrieb sehr hoch. Gegenseitige Wertschätzung innerhalb der eigenen Agentur oder Abteilung, Wertschätzung hin zum Backoffice oder zu anderen Abteilungen im eigenen Unternehmen oder echte Wertschätzung der bestehenden und potenziellen neuen Kunden: Danach sucht man oftmals vergeblich.

Das stört die Manager inzwischen auch selbst: Laut einer aktuellen Studie der Nextpractice GmbH für die Initiative Neue Qualität der Arbeit (INQA) sind fast 80 Prozent der befragten Führungskräfte mit der Führungsarbeit, dem eigenen Anspruch und den eigenen Möglichkeiten schlicht unzufrieden. Das ist natürlich ein Missstand, aber einer, der aufrüttelt! Er zeigt: Wir in den Unternehmen denken nach, wir ändern uns, wir wollen etwas ändern! Wir setzen uns jetzt mit unseren Werten neu auseinander. In unserer Forschungsarbeit mit der Buhr & Team Akademie, für die wir nicht nur Datenmaterial wie unsere VertriebsIntelligenz®-Studien (gemeinsam mit der EBS Reutlingen rsp. der Universität Luxemburg), sondern auch umfassendes Studienmaterial auswerten, haben wir etwas Interessantes herausgefunden: Für die meisten Führungskräfte steht inzwischen ein spezieller Wert an oberster Stelle: Integrität, das Leben nach Richtlinien und Werten. Und das schlägt sich direkt im Anspruch an das eigene Führungsverhalten nieder, gewissermaßen Führung 3.0.

Hinzu kommen Herausforderungen im Recruiting, in der Zusammenstellung von Teams und auch die Ansprüche der Generation Y. Diese Generation ist nicht mehr unter dem Primat des Befehls aufgewachsen, sondern schätzt Aspekte wie Auswahl und Freiwilligkeit, Attraktivität und Attraktion sowie Wahlfreiheit. Diese Generation entscheidet für sich selbst, was sie als »wertvoll«, als überzeugend empfindet oder für »sinnvoll« hält. Diese jungen Menschen drängen mit ihren neuen Kompetenzen, Vorstellungen und Forderungen in die Unternehmen. Sie wollen Leistung bringen und Verantwortung übernehmen. Das trifft vermutlich nicht auf alle zu, aber vielleicht auf einige – hoffentlich auf viele! Es kommt ihnen zudem darauf an, einen Sinn in ihrer Arbeit zu finden. Sie wollen Teil einer Aufgabe, einer großen Sache sein. Dabei ist ihnen ein wertschätzender Umgang sehr wichtig. Das Gleiche gilt für Transparenz in der Führung, Klarheit und Ehrlichkeit.

Die Konsequenz daraus – die Forderung – klingt billig. Und doch ist sie teuer, weil schwierig: Unternehmen und Führungskräfte, ob im Vertrieb oder in anderen Bereichen, müssen sich in Zukunft noch mehr Mühe geben, Wertebewusstsein, Offenheit und

Kommunikation mit guten Ergebnissen, Wirtschaftlichkeit und Ertragsmaximierung zu verbinden. Zuallererst aber müssen sie die Werte im Unternehmen verankern – indem die Führungskräfte das verkörpern und vorleben, was sie von ihren Mitarbeitern erwarten. Ein Großteil des faktisch existierenden Glaubwürdigkeitsproblems von Führungskräften hat gewiss damit zu tun, dass zwischen geäußertem Wort und tatsächlicher Handlung oft Welten liegen. Menschen orientieren sich jedoch immer am praktisch agierenden Vorbild, statt an schönen Worten. »Walk your talk« – lass auf Worte Taten folgen –, so lautet das Motto. Sehr alt und gleichzeitig sehr aktuell! Das klingt banal, aber die mangelnde Umsetzung zeigt, dass genau das für viele (Vertriebs-) Führungskräfte noch nicht funktioniert. Ich sage bewusst »noch nicht«, denn der Weg ist klar! Sie müssen sich deutlich machen, für welche Werte sie selbst, ihre Abteilung und ihr Unternehmen stehen. Und sie müssen Position beziehen – gegenüber ihrem Unternehmen, ihren Mitarbeitern und sich selbst. Genau das ist mit »Integrität« gemeint.

Werte: Wo Vertrieb den Kunden trifft

Führung 3.0 kann nur gelingen, kann nur wirksam sein, wenn Werte klar im Blickfeld sind und vorgelebt werden. Die Unternehmen gewinnen nur so erfolgreich Mitarbeiter für sich und ihre Ideen, und damit gewinnen sie auch Kunden. Und auf dem Kunden muss der Fokus liegen. Der Kunde 3.0 setzt andere Maßstäbe als der Kunde von früher. Der Kunde 3.0, der als Einkäufer eines Unternehmens oder als privater Konsument Kaufentscheidungen trifft, ist keiner Generation, keiner Gesellschaftsschicht oder politischen Einstellung zuzuordnen. Positiv gewendet: Was zeichnet ihn aus? Er ist informiert, individualistisch, investigativ, international, intuitiv und idealistisch. Der Kunde 3.0 trifft seine Entscheidungen »hybrid«, online wie offline. Als Mensch und Verbraucher repräsentiert er seine Lebensphilosophie, die von seinen individuellen Werten geprägt ist – und von denen sich mittlerweile durchaus einige im Mainstream wiederfinden. Umweltschutz, nachhaltige Produkte, faire Bezahlung von Arbeitskräften und Ausschluss von Kinderarbeit sind nur einige Beispiele. Der Kunde 3.0 ist anspruchsvoll, vernetzt, gewohnt, global zu suchen und zu kaufen, liest Bewertungen und Empfehlungen von anderen und gibt selbst Bewertungen und Empfehlungen ab. Er recherchiert schnell und vernetzt auf allen Plattformen, ist »always on« und damit oft besser informiert als der Verkäufer. Er kennt Preise und Wettbewerberangebote ganz genau, aber er setzt auch auf Nachhaltigkeit und Werte. Es gibt kein Geheimwissen mehr. Wir leben in einer »hybriden Many-to-many-Zeit«, in der Transparenz gelebt und oft sogar geliebt wird. Transparenz ist – neben den bereits genannten – ein weiterer hoher, ein hehrer Wert, von dem wir im Vertrieb und in der Führung oft noch nicht richtig wissen, wie wir ihn leben können, da uns doch das alte Denken in Wissens-Machtverhältnissen im Weg steht. Auch aus diesem Grund ist das vorliegende Buch von Franziska Brandt-Biesler und Rainer Krumm ein so wichtiges, das genau in unsere Zeit, in unser Jetzt passt. Dazu passt auch die angenehm unaufgeregte Weise, in der die beiden Autoren – beide seit langen Jahren vom (Vertriebs-)Fach – sich mit der Werteherausforderung im Vertrieb auseinandersetzen.

Brandt-Biesler und Krumm nutzen zur Beschreibung und Verortung der Wertediskussion im Vertrieb die 9 Levels of Value Systems. Sie haben die Forschungsergebnisse von Clare W. Graves in die heutige Zeit übertragen. Das passt, denn der Sinn des Tuns steht auch hier im Fokus. Ich habe dieses Buch mit großer Freude gelesen und wünsche dem Autorenteam viel Erfolg und die Wertschätzung, die diese Arbeit verdient. *So wird verkauft!* ist im Zusammenhang mit der Wertediskussion ein Titel, der provoziert und neugierig macht – und auch echte Chancen eröffnet. Als Leserin oder Leser werden Sie von den Erkenntnissen in diesem Buch profitieren. Meistern wir gemeinsam die Herausforderung, nutzen wir die wertvollen Möglichkeiten im Vertrieb. Dann folgt Wertschöpfung auf Wertschätzung!

Andreas Buhr
CEO, Buhr & Team Akademie für Führung und Vertrieb AG

KAPITEL 1

Gebrauchsanleitung für dieses Buch

Wie ticken Vertriebler? Sind sie hauptsächlich auf Abschlüsse aus und erzählen aus diesem Grund alles Mögliche – egal ob es stimmt oder nicht? Dieses negative Image haben Verkäufer bei vielen Menschen. Oder sind Vertriebler passiv und unselbstständig und es fehlt ihnen an Unternehmergeist? Das behaupten zumindest viele Vertriebsleiter, die uns als Berater oder Verkaufstrainer engagieren. Vielleicht stellen Vertriebler aber auch ein wichtiges Bindeglied zwischen Anbieter und Interessent dar. Das wollen wir als Experten gerne glauben.

Die Antwort: Alle oben beschriebenen Vorstellungen sind wahr. Weder gibt es DEN Vertriebler noch DIE Vertriebsorganisation oder DEN Verkaufsleiter. Wir haben es stattdessen mit einer großen Vielfalt zu tun. Als wir mit der Arbeit an diesem Buch begannen, starteten wir mit Unterstützung des Vertriebsexperten Stephan Heinrich eine Umfrage[1] unter Vertrieblern in der XING-Gruppe »Vertrieb und Verkauf«. Über 150 Vertriebler beteiligten sich daran und ließen uns ihre Wertvorstellungen in Bezug auf die eigene Vertriebstätigkeit messen.

Das Ergebnis: Erstaunlich viele Vertriebler sind in ihrer Werteentwicklung auf einem sehr hohen Niveau. Sie haben den Level des reinen Gewinn- und Erfolgsstrebens hinter sich gelassen und setzen stattdessen auf Kooperation und Vernetzung. Echte Partnerschaft mit Kunden ist ihnen wichtig und sie arbeiten mit ihnen daran, sinnvolle und wertschöpfende Projekte umzusetzen. Im

Einerseits: hohes Werteniveau im Vertrieb

Durchschnitt fanden sich die Teilnehmer der Umfrage auf Level Gelb wieder. Was das bedeutet, erklären wir Ihnen in diesem Buch noch genauer.

Unserer Einschätzung nach sind die Ergebnisse allerdings nicht über den gesamten Verkauf hinweg repräsentativ. Schließlich war die Teilnahme freiwillig. Außerdem wurde die Umfrage in einem Forum angeboten, in dem Vertriebler sich treffen, um sich offen auszutauschen. Schon das stellt eine gewisse Vorauswahl dar. Dennoch finden wir diese Ergebnisse in unserem Arbeitsalltag häufig wieder. In vielen Firmen, die uns engagieren, treffen wir auf Vertriebsmitarbeiter und Key-Account-Manager, die so reif, partnerschaftlich und kommunikativ agieren, wie es unsere Umfrage nahelegt.

Die Vertriebsorganisationen und die Vertriebsführung befinden sich allerdings manchmal auf einem ganz anderen Niveau. Gerade in großen Firmen sind sie oft von kurzfristigen Gewinnforderungen und Zielen geprägt. Aus dem Management wird Druck nach unten weitergegeben. Wenn die Mitarbeiter langfristige Projekte anstreben und die Verkaufsleitung Quartalsergebnisse vorweisen muss, ergibt sich naturgemäß Zündstoff.

Genau mit solchen Konflikten, Unstimmigkeiten und Veränderungspotenzialen beschäftigt sich dieses Buch. Wir geben Ihnen auf Basis der Werteforschung konkrete Anhaltspunkte, anhand derer Sie Ihre Situation im Vertrieb, in der Organisation und in Ihrem Team einschätzen können. Sie werden erkennen, wo Strategie und Organisation, Mitarbeiter und Kunden auseinanderdriften und wie Sie dies verändern können.

Wir schildern Ihnen anhand vieler Beispiele, wie der Vertriebsalltag in den unterschiedlichsten Firmen aussieht. Diese Beispiele sind übrigens alle echt – auch wenn wir die Namen der Firmen und Beteiligten meistens geändert haben, um die Vertraulichkeit gegenüber unseren Kunden zu wahren. Wenn wir in diesem Buch bekannte Firmennamen aufgreifen, stammen die Informationen ausschließlich aus öffentlich zugänglichen Quellen. Diese echten Geschichten aus dem beruflichen Alltag haben wir deshalb gewählt, weil wir die Situation so realistisch wie möglich schildern wollen. Modelle – auch die 9 Levels of Value Systems, mit denen wir arbeiten – verleiten immer wieder dazu, zu vereinfachen und in Klischees zu denken. Und genau das wollten wir vermeiden. Dennoch haben wir uns natürlich Beispiele ausgesucht, die den jeweils beschriebenen Wertelevel deutlich sichtbar machen und in denen dieser möglichst durchgängig ist. Solche typischen Firmen und Teams gibt es tatsächlich.

Häufiger werden Sie allerdings auf Firmen stoßen, in denen verschiedene Wertelevels aufeinander treffen. Während in der Produktentwicklung Genauigkeit herrscht (Level Blau), wünscht sich der Vertrieb manchmal mehr Geschwindigkeit (Level Orange). Der Innendienst pflegt einen persönlichen Kontakt zum Kunden (Level Grün), während die Buchhaltung diesen mit ihrer Kleinlichkeit auf die Palme bringt (Level Blau). Wenn das auch bei Ihnen der Fall ist, werden Sie nach der Lektüre des Buchs besser verstehen, wieso sich daraus immer wieder Konfliktpotenziale ergeben. Sie werden aber auch erfahren, wie Sie diese in Zukunft verringern können.

Unterschiedliche Levels sind normal

Bevor Sie jetzt anfangen zu lesen, vorab noch einige Hinweise zu diesem Buch.

Achtung Brillenschlange – warum Sie Menschen immer durch Ihre individuelle Brille sehen

Wie alle Menschen interpretieren auch Sie alles, was Sie sehen und erleben. Sie sehen einen Baum an und wissen, ohne darüber nachzudenken: »Aha, ein Baum.« Oder: »Eine Eiche.« Vielleicht auch: »Bäume sind schön.« Sie haben einmal gelernt, wie Bäume aussehen, und ordnen nun ähnliche Formen immer wieder automatisch in dieselbe Schublade ein. Das ist einfach und energiesparend für das Gehirn. Deshalb haben Sie in Ihrem Kopf so viele Schubladen, die Ihnen das Leben erheblich erleichtern. Wenn

Sie jedes Mal aufs Neue nachdenken müssten, was »eine braune, senkrechte Säule mit unebener Oberfläche, die sich nach oben verzweigt und an deren Enden kleine grüne Läppchen befestigt sind« zu bedeuten hat, hätten Sie viel zu tun.

Wovon unsere Einschätzungen abhängen

Genauso wie Ihr Gehirn interpretiert, wenn Sie Gegenstände sehen, so interpretiert es in Bezug auf Menschen. Je nach Ihren Erfahrungen und Wertvorstellungen denken Sie dann vielleicht »Pfarrer sind scheinheilig« oder »Pfarrer sind selbstlos und tun Gutes«. Ebenso haben Sie gewisse Einschätzungen über Verkäufer oder Führungskräfte oder darüber, wie Verkaufsleiter zu sein haben. Diese Vorstellungen sind ebenfalls von Ihren Erfahrungen und von Ihrem Wertesystem geprägt. Wir möchten Sie in diesem Buch anregen, Ihren Interpretationen auf die Spur zu kommen und Ihren Blickwinkel zu erweitern. Die Welt im Allgemeinen und die Vertriebswelt im Besonderen ist wesentlich bunter und vielfältiger, als Sie vielleicht denken. Viele verschiedene Denkweisen und Wertelevels haben nebeneinander Platz und in ihrem jeweiligen Kontext ihre Berechtigung.

Ein differenzierter Blick lohnt sich

Nur wenn Sie sich bewusst werden, dass Sie bisher durch die Brille Ihres Wertesystems geschaut haben, können Sie sich öffnen und Ihr Umfeld kritisch hinterfragen. Sie können Abstand gewinnen und neu nachdenken. Vielleicht kommen Sie dann darauf, dass Sie etwas verändern müssen, dass Ihr Markt sich entwickelt hat und Sie nachziehen sollten. Oder Sie erkennen, dass Ihre Verkäufer viel weiter sind, als Sie bisher dachten, und dass diese andere Rahmenbedingungen brauchen, um ihren Job erfolgreich machen zu können. Wenn Sie also bei unseren Beschreibungen der verschiedenen Levels denken: »Blödsinn, so ist das gar nicht«, dann erinnern Sie sich bitte an diesen Abschnitt. Sie haben wahrscheinlich gerade Ihre eigene Wertebrille aufgesetzt und sehen die Welt einfarbig, also so, wie sie in Wirklichkeit gar nicht ist.

Querlesen erwünscht – seien Sie wählerisch und sprunghaft

Viele Fachbücher beginnen mit dem Hinweis, dass sich der Leser Notizen machen soll und somit schon während des Lesens mit der Umsetzung anfangen kann. In anderen Büchern sollen Sie Fragebögen ausfüllen und werden alle paar Seiten aufgefordert, sich selbst zu reflektieren. Das müssen Sie in diesem Buch nicht tun.

Wir wünschen uns: Lesen Sie dieses Buch bitte so, wie Sie es am liebsten tun, und machen Sie mit dem Gelesenen, was Sie wollen. Wir vertrauen einfach darauf, dass Sie das, was für Sie relevant ist, finden werden. Wenn Sie sich oder Ihren Vertriebsalltag in einem Kapitel wiederentdecken, werden Sie sich angesprochen fühlen, und wenn das Bedürfnis entsteht, etwas aufzuschreiben, werden Sie es tun. Wenn Sie dagegen das Buch erst einmal querlesen, zwischen den Kapiteln hin und her springen oder etwas auslassen, ist das aus unserer Sicht auch gut. Sie wissen dann, wo Sie was finden, und können bei passender Gelegenheit nachschlagen.

Jede Methode ist in Ordnung

Natürlich freuen wir uns, wenn Sie ein paar wertvolle Erkenntnisse aus diesem Buch ziehen können. Und wir sind überglücklich, wenn Sie sogar etwas davon umsetzen, Ihren Vertrieb in Zukunft anders führen oder gänzlich umorganisieren. Wir sind aber auch ganz zuversichtlich, dass das passieren wird, wenn der richtige Zeitpunkt gekommen ist.

Vorschläge statt Vorschriften – adaptieren Sie!

Der bekannte Coach und Therapeut Steve de Shazer gibt seinen Teilnehmern »Descriptions« statt »Prescriptions«, also *Be*schreibungen statt *Ver*schreibungen. Genauso wollen wir es auch halten. Wir machen Ihnen hier Vorschläge, jede Menge davon. Bitte verstehen Sie diese aber nicht als Vorschriften. Wir kennen weder Ihren Vertriebsalltag noch Ihr Unternehmen. Wir wissen nur eins:

Jede Firma ist anders und die Menschen, die dort arbeiten, sind es auch.

Wenn wir für Firmen arbeiten, müssen wir uns deshalb immer wieder anpassen. Patentrezepte und Einheitsworkshops gibt es bei uns nicht. Deshalb werden unsere Vorschläge auf die Firmenrealität abgestimmt. Bitte tun Sie das auch mit den Ideen, die Sie in diesem Buch vorfinden. Greifen Sie heraus, was passt, und vergessen Sie, was nicht für Sie zutrifft. Adaptieren Sie unsere Hinweise für Ihre Vertriebspraxis und seien Sie bitte wählerisch, wenn Sie entscheiden, welche Ideen Sie aufnehmen und welche nicht.

In diesem Sinne wünschen wir Ihnen eine interessante, anregende und wert-volle Lektüre.

KAPITEL 2

Werteorientierung im Verkauf? Nutzen und Anspruch

Werteorientierung – was heißt das eigentlich?

Dienstagmorgen, 6:15 Uhr. Der Wecker klingelt. Die Woche hat gestern wirklich nicht gut angefangen. Die Zahlen sind schlecht. Ihr Chef ist nervös und schnauzt jeden an, der ihm über den Weg läuft, und Sie haben seit etlichen Monaten keinen Urlaub gehabt. Einige Mitarbeiter aus Ihrem Verkaufsteam bringen bei Weitem nicht die Leistung, die Sie von ihnen erwarten. Aber rauswerfen können Sie sie auch nicht. Der Schreibtisch ist voll mit Aufgaben, die Sie unmöglich in dieser Woche schaffen können, selbst wenn Sie jeden Tag 16 Stunden arbeiten würden.

Was bringt Sie in solchen Momenten dazu, aus dem Bett zu steigen, sich sorgfältig anzuziehen und Ihren Partner mit einem liebevollen Kuss zu verabschieden? Wieso fahren Sie pünktlich in Ihr Büro und begrüßen Ihre Mitarbeiter – auch die schlechten – höflich und korrekt? Und warum geben Sie auch heute wieder alles, obwohl Sie im Moment wirklich kein Licht am Ende des Tunnels sehen?

Was Sie antreibt, sind Ihre Werte – die Vorstellung, wie Sie mit Menschen umgehen, wie Sie Ihren Job machen und wie Sie Ihr Leben führen müssen, um der beste Mensch zu sein, der Sie im Moment gerade sein können. Vielleicht werden Sie nicht immer

Wie Werte uns antreiben

mit sich zufrieden sein. Doch Sie haben eine Vorstellung davon, wie Sie leben sollten, was richtig und falsch, was wichtig und unwichtig ist.

Vielleicht werden Sie durch die feste Überzeugung angetrieben, dass Sie nur als Gewinner bestehen können. Vielleicht treibt Sie aber auch Ihr Pflichtgefühl an, Ihre Aufgabe korrekt zu erfüllen, selbst dann, wenn eigentlich nichts mehr geht. Oder Sie gehören zu den Menschen, die Ihr Team niemals im Stich lassen, egal was passiert. Manchmal haben Sie vielleicht schon Situationen erlebt, in denen Sie sich nicht mehr motivieren wollten oder konnten, in denen Sie gegen Ihre Überzeugung arbeiten mussten, sodass Ihnen fast die Luft ausging. Womöglich hat Ihr Umfeld sich in dieser Zeit stark verändert und plötzlich passten Sie nicht mehr hinein.

Wenn unterschiedliche Werte aufeinanderprallen

Friederike Bertold hatte einige Jahre im Vertrieb eines Kurierdienstes gearbeitet, als sie das Jobangebot eines traditionellen Speditionsunternehmens bekam. Das Gehalt war üppig und die Aufgabe reizvoll und so nahm sie das Angebot an. Dabei schlug sie wohlgemeinte Warnungen ihrer alten Kollegen aus: »Du wirst dich dort nicht wohlfühlen. Das ist nicht so locker wie bei uns.« Der Kulturschock kam, als Friederike Bertold die Stelle antrat. Hierarchien und Regeln wurden bei ihrem neuen Arbeitgeber großgeschrieben. Wichtige Persönlichkeiten, wie zum Beispiel die Prokuristen, mussten gewürdigt und in Entscheidungen einbezogen werden. Neue Ideen durfte die neue Vertrieblerin nicht einfach mit jedem besprechen, sondern musste sie über den offiziellen Dienstweg einreichen.

Die Ursache verstehen

Geprägt von ihrem bisherigen Umfeld, in dem alles kollegial und auf Zuruf geregelt worden war, machte Friederike Bertold viele Fehler, eckte an und holte sich einige Standpauken ihres Chefs ab. Doch statt sich an das andere Umfeld zu gewöhnen, wurde sie immer frustrierter. Sie fühlte sich einfach nicht wohl. Viele Kollegen erschienen ihr distanziert und unflexibel. Friederike Bertold fühlte sich eingeengt und unterdrückt und zog nach nur einem Jahr die Konsequenzen: Die junge Vertrieblerin kündigte und suchte sich eine neue Stelle. Das Speditionsunternehmen verteufelte sie als rückständig und spießig. Erst viel später begriff sie, dass ein ganz anderes Problem Ursache für ihren Frust gewesen war. Die Spedition war nicht schlecht oder falsch gewesen. Friederike Bertold hatte lediglich das Wertesystem der Firma nicht verstanden und mit ihrem eigenen Denken nicht hineingepasst.

Werte spielen aber nicht nur in ungünstigen Situationen eine Rolle. Sie sind immer da. Und wenn Ihr Umfeld zu Ihrem Wertesystem passt, können Ihre Werte blühen und Ihnen Energie verleihen. Sie werden es Ihnen leicht machen, Entscheidungen zu treffen und Ihre Aufgaben privat und beruflich richtig und zu Ihrer vollen Zufriedenheit zu lösen.

Wie das Umfeld aussieht, in dem Sie aufblühen können, wissen Sie wahrscheinlich selbst am besten. Wenn nicht, denken Sie einmal darüber nach. Was ist Ihnen wichtig? Welche Werte stehen dahinter? Und welche Werte werden zum Beispiel in Ihrer Firma großgeschrieben? Passt das zusammen? Wenn Sie in einem Spannungsfeld unterschiedlicher Werte arbeiten, merken Sie das meistens schon an einem latent schlechten Gefühl, selbst wenn es Ihnen noch nicht bewusst ist. Nehmen Sie solche Gefühle als wertvollen Hinweis darauf, dass es wichtig wäre, etwas genauer nachzuforschen.

Das ideale Werteumfeld: für jeden anders

Welche Werte für Sie passen, ist sehr individuell. Vielleicht fühlen Sie sich in einem Umfeld wohl, in dem Sie viel Freiraum haben. Solange Ihre Zahlen stimmen, können Sie machen, was Sie wollen. Kreative Ideen werden gern gesehen und Fehler sind erlaubt. Mitarbeiter und Führungskräfte haben einen gewissen Spielraum, um ihre Ziele zu erreichen. Erfolge werden belohnt und kommuniziert. Wer gut ist, steht auch gut da.

Die für Sie richtige Arbeitsumgebung kann aber auch ganz anders aussehen. Möglicherweise schätzen Sie Strukturen und Prozesse, die Ihnen klare Leitlinien geben. Es geht um Genauigkeit und Qualität ist das oberste Ziel. Der Verkaufsprozess wird exakt beschrieben und jeder weiß, was er zu tun hat. Veränderungen werden sorgfältig geprüft und nur umgesetzt, wenn das Risiko überschaubar ist. Entscheidungen werden von oben nach unten getroffen.

Erkennen Sie sich wieder? Eventuell haben Sie bei einem der beiden Beispiele gerade innerlich genickt, weil es Ihren Vorstellungen entspricht. Bei dem anderen haben Sie hingegen Gefühle von Beklemmung oder Unruhe empfunden, denn so möchten Sie auf keinen Fall arbeiten. In diesen Beispielen haben wir zwei der Wertelevels beschrieben, die Sie im Verlauf dieses Buchs noch genauer kennenlernen werden. Ist einer davon bei Ihnen stark ausgeprägt, fühlen Sie sich von der jeweiligen Beschreibung wahrscheinlich angesprochen.

Der andere dagegen widerspricht dann womöglich Ihren Wertvorstellungen. Sie sehen ihn durch die Brille Ihrer Wertewelt und denken: »Schlecht! So kann man doch nicht arbeiten.« Werte prägen nicht nur unsere Vorstellungen, sondern auch unsere Wahrnehmung und Bewertung. Doch was bedeutet eigentlich dieser Begriff »Werte«?

Werte – gesund und wertvoll leben

In den letzten Jahren sind »Werte« immer präsenter geworden. Unternehmen kommunizieren ihre Werte. Politiker nutzen den Wertebegriff, um sich und ihre Ideen zu positionieren. Und Berater definieren die »richtigen« Werte für Führungskräfte. Werte scheinen modern und neu zu sein, obwohl sie doch eigentlich schon so lange existieren, wie es Menschen gibt. Aber was ist nun eigentlich mit diesen Werten gemeint, von denen nicht nur in diesem Buch, sondern allgemein so oft die Rede ist?

»Wert« – ein umfassender Begriff Einige Hinweise erhalten Sie, wenn Sie sich den Begriff näher anschauen: In der deutschen Sprache benutzen wir den Begriff »Wert«, um auszudrücken, was uns etwas wert und damit auch, wie wichtig es uns ist. Das lateinische »valere« steht dafür, »etwas wert zu sein«, also etwas zu gelten und Einfluss zu haben. Es bezeichnet aber auch »gesund sein«, »fähig sein« und »stark sein«, so Pater Anselm Grün in seinem Buch »Führen mit Werten«.[2]

In der heutigen Zeit gibt es immer noch einige Urvölker, die hauptsächlich auf dem Level Purpur leben. Doch auch in Ihrem Umfeld kann dieser Level noch eine Rolle spielen. Wenn Sie zum Beispiel stark mit Ihrer Heimat verbunden sind oder Sie eine starke Bindung zu Ihrer Familie haben, ist Purpur wahrscheinlich immer noch wichtig für Sie.

In unserer Definition gehören diese Begriffe eng zusammen. Pater Anselm schreibt weiter in einem Aufsatz über Werte: »Ohne Werte kann der Mensch nicht gesund leben.« Dabei geht es nicht so sehr darum, welche Werte die richtigen sind, sondern ob Sie Ihren individuellen Werten entsprechend leben. Wenn Sie das tun, sind Sie kraftvoll, gesund und leistungsfähig. Sind Sie sich Ihrer Werte bewusst, hilft Ihnen dieses Wissen, die richtigen Entscheidungen zu treffen, weil Sie wissen, was Ihnen wichtig ist. Wenn Ihnen beispielsweise Werte wie »Qualität«, »Sicherheit« und »Kontrolle« wichtig sind, werden Sie vermutlich anders leben und andere Entscheidungen treffen, als wenn Sie nach »Leistung«, »Prestige« und »Wohlstand« streben. Sie werden andere Urteile fällen und andere Dinge mögen.

Doch nicht nur Individuen, sondern auch Gruppen und Organisationen haben Werte. Überlegen Sie, für welche Werte Ihre Firma tatsächlich steht. Wenn Sie in einem Verein sind – unabhängig davon, ob dort Fußball gespielt, geangelt oder musiziert wird –, steht auch dieser für bestimmte Werte. Sogar ganze Kulturen und Nationen haben in der Regel gemeinsame Werte. Und wenn diese Werte irgendwann auseinanderdriften, gibt es Probleme. Aber wie kommt es zu diesen unterschiedlichen Wertvorstellungen? Warum denken manche Menschen so und andere ganz anders? Warum verändern sich Werte manchmal mit zunehmender Erfahrung? Und warum entwickeln sich manche Menschen stärker und andere weniger?

Wertvorstellungen
auf allen Ebenen

Besonders die Veränderungsmechanismen sind spannend, wenn Sie sich mit Werten und deren Entwicklung beschäftigen. Werte dienen als Prüfraster, mit denen Sie aus Ihrer Sicht einordnen, was gut ist und was nicht, was sich bewährt hat und was weniger gut funktioniert. Solange Sie sich in einem gleichbleibenden Umfeld aufhalten, sind auch die Werte, nach denen Sie sich richten, in der Regel für Sie passend. Ändert sich nun aber das Umfeld, müssen Sie eventuell auch die Werte angleichen. In der Psychologie spricht man in diesem Zusammenhang auch von Coping- bzw. Bewältigungsstrategien. Nicht immer geschehen diese bewusst und willentlich. Ab einer gewissen Entwicklungsebene wird es laut dem Experten für Werteentwicklungen Don Beck sogar unmöglich, eine absichtliche Veränderung herbeizuführen.[3] Doch dazu später mehr Details.

Was löst eine Veränderung von Werten aus? Was können nun aber solche Veränderungen des Umfeldes sein? Werte entwickeln sich zum Beispiel sehr oft, wenn das erste Kind geboren wird. Das ist leicht nachzuvollziehen und vielleicht haben Sie es selbst schon erlebt. In Firmen bringen Fusionen oder Übernahmen das bestehende Wertesystem ins Wanken. Und im Verkauf kann eine neue Führungskraft mit anderen Vorstellungen genauso Bewegung ins System bringen wie beispielsweise Veränderungen im Kundenmarkt. Sogar Verkaufsstrategien haben sich über die letzten Jahrzehnte verändert, wie Sie am Ende dieses Kapitels lesen können. Wenn Sie Ihr Leben reflektieren, werden Sie sicher auch einschneidende Erlebnisse finden, die Ihre Sichtweise auf die Welt deutlich gewandelt haben.

Werteverfall oder -verschiebung?

Früher war alles schöner. Die Kinder waren besser erzogen und die Straßen waren sauberer. Frauen wussten noch, wo ihr Platz ist, und die Renten waren sicher – keine Angst, diese Beispiele entsprechen nicht unserer persönlichen Meinung. Sie wurden ganz willkürlich gewählt, weil sie erstens typisch und zweitens polarisierend sind. Je nachdem, woran Sie selbst glauben, werden diese Sätze in Ihnen entweder Abwehr oder Zustimmung auslösen. Vielleicht ist es aber auch eine Mischung aus beidem.

Vermutlich haben Sie schon einmal selbst darüber nachgedacht, dass sich Dinge in Ihrem Umfeld zum Negativen verändert haben. Vielleicht ist Ihnen dabei der Begriff »Werteverfall« in den Sinn gekommen. Ist das so? Verfallen unsere Werte? Unserer Auffassung nach gibt es so etwas wie einen »Werteverfall« nicht. Werte entwickeln und verändern sich lediglich. In der Gesellschaft beispielsweise werden andere Werte wichtig. Während Ordnung, Tugend und Anstand noch vor wenigen Jahrzehnten eine große Rolle spielten, streben heute viele Menschen nach Freiheit und Selbstverwirklichung. Individualität ist wichtiger geworden als Ordnung. Ein Mensch, der stark durch das frühere Denken geprägt wurde, empfindet die heutige Gesellschaft vielleicht als schlecht. Wer eher in der heutigen Zeit sozialisiert ist, denkt dagegen eher negativ über die früheren Ideale. Fakt ist: Die Werte waren weder früher noch heute besser oder schlechter. Sie haben sich lediglich verändert.

Es kommt auf die Perspektive an

Ähnliche Prozesse durchleben auch Unternehmen. Sie müssen sich immer wieder entwickeln, um noch zeitgemäß zu sein und zu ihrem Markt zu passen. Als Führungskraft müssen Sie solche Anpassungen kommunizieren und Ihre Mitarbeiter dazu motivieren. Und das ist nicht immer einfach. Einige Mitarbeiter werden die Veränderungen als negativ empfinden und sich beschweren, dass das Arbeitsklima immer schlechter und »unmenschlicher« wird. Vielleicht empfinden Sie das sogar selbst so. Wenn Sie allerdings Ihr bisheriges Arbeitsleben reflektieren, werden Sie feststellen, dass Sie schon eine ganze Menge Veränderungen durchlaufen und überstanden haben. Nach einiger Zeit sind die neuen Umstände selbstverständlich geworden und mittlerweile nicht mehr wegzudenken.

Mit den äußeren Umständen, neuen Strukturen oder Strategien bewegen sich oft auch die Werthaltungen der Führungskräfte und Mitarbeiter. Menschen und Teams verändern und entwickeln sich. Wenn Sie zum Beispiel aus einer Kultur kurzfristigen Ge-

Ein Wertewandel hat durchaus Vorteile

winnstrebens kommen, einer Kultur, in der Ellenbogen und Durchsetzung großgeschrieben wurden, dann fühlen Sie sich zunächst eingeengt, wenn für Ihr Handeln plötzlich strengere Regeln gelten. Festgelegte Abläufe und Prozesse geben Ihnen das Gefühl der Unfreiheit. Doch mit der Zeit stellen Sie fest, dass die neuen Strukturen Ihnen helfen, sich besser zu organisieren. Sie können plötzlich planen und die Geschäftsentwicklung eher einschätzen. An so einem Punkt kann es passieren, dass sich Ihre Werte ändern und Sie sozusagen zu einem anderen Menschen werden.

In den nächsten Kapiteln können Sie lesen, wie sich solche Entwicklungen vollziehen. Der Werteforscher Clare W. Graves, auf dessen Arbeit wir mit den 9 Levels of Value Systems aufbauen, stellte in seiner Forschung fest, dass die Wertvorstellungen von Menschen nicht nur per se unterschiedlich sind. Sie verändern sich auch, wenn äußere oder innere Einflüsse dieses notwendig machen. Und er fand heraus, dass diese Entwicklungen bestimmten Mustern folgen, die immer gleich sind.

Was 9 Levels of Value Systems leisten Die hier im Buch genutzten 9 Levels of Value Systems werden Ihnen helfen, sich und Ihre Mitarbeiter durch Veränderungsprozesse zu führen. Sie werden besser verstehen, wo Sie, Ihr Team, Ihre Organisation und Ihr Markt stehen und welche nächsten Schritte in der Entwicklung möglich und vielleicht notwendig sind. Wir werden Ihnen auch erklären, wie Sie solche Veränderungen begleiten und unterstützen können.

Das Modell funktioniert natürlich auch auf persönlicher Ebene. Sie können damit Ihre Führungsprinzipien und -vorstellungen auf den Prüfstand stellen. Und wenn nötig, können Sie diese optimieren. Denn an der einen oder anderen Stelle werden Sie verstehen, dass Sie bisher noch nicht im Einklang mit Ihren Werten und den Werten Ihrer Mitarbeiter oder Kunden agieren.

Warum Werte gerade in aller Munde sind

Die Suche nach dem Wort »Werte« ergab im Januar 2015 über 45 Millionen Treffer im Netz. Auch wenn wir davon einige abziehen müssen, weil sie Wetter-, Aktien- oder Messwerte betreffen, bleiben Millionen von Einträgen, die sich tatsächlich mit Werten im Sinne unseres Themas befassen. Deutsche Werte werden in Statistiken erfasst und Schweizer Werte definiert. Europa wird zur Wertegemeinschaft erklärt und Organisationen bekennen sich zu religiösen, ökologischen oder ethischen Werten.

Vor allem aber präsentieren dort Unternehmen ihre Werte auf ihren Internetseiten. Die meisten Unternehmen haben heute definierte Leitbilder und Werte. Sie erarbeiten sie in aufwendigen Workshops und Prozessen und mit der Unterstützung von Trainern und Unternehmensberatern wie uns. Diese Werte sollen Mitarbeitern und Kunden sagen, wofür die Firma steht. Sie dienen als Leitlinie und Orientierungshilfe. Der Umgang mit Angestellten, Kunden und Lieferanten soll klarer, berechenbarer und einheitlicher sein. Interessenten können sich die Firma aussuchen, die die gleichen Wertvorstellungen vertritt wie sie selbst.

Wofür Unternehmenswerte stehen

Doch in der Realität kennt nur jeder zweite Mitarbeiter die definierten Unternehmenswerte. Und nur 17 Prozent der Führungskräfte leben die festgelegten Werte auch vor. Das ergab eine Studie aus dem Jahr 2012.[4] Besonders deutlich wird die Diskrepanz, wenn es um die Akzeptanz der Werte in der Belegschaft geht. Nur die Hälfte der Mitarbeiter steht hinter den definierten Werten, ist also auch bereit, sie umzusetzen. Dieselbe Untersuchung stellte auch einen Zusammenhang zwischen Unternehmenserfolg und Werteorientierung fest. In 71 Prozent der besonders erfolgreichen Unternehmen sind die Unternehmenswerte in den internen Bereichen bekannt. Von den wirtschaftlich schwachen Firmen sind es dagegen nur 17 Prozent. Wie ist das in Ihrem Unternehmen? Gibt es offizielle Unternehmenswerte? Sind diese in der Belegschaft bekannt? Und werden sie gelebt, das heißt in Verhaltensweisen, Kommunikations- und Führungskultur umgesetzt?

Theorie und Praxis

Mitarbeiter schätzen übrigens das klare Bekenntnis zu Unternehmenswerten. Eine weitere Studie aus dem Jahr 2013[5] besagt, dass 83 Prozent der Deutschen definierte Unternehmenswerte für unabdingbar halten. Und 75 Prozent der befragten Mitarbeiter gaben an, dass sie sich gern an definierten Werten orientieren. Allerdings ist es eine große Herausforderung, bei der Vielfalt der Mitarbeiter und Teams Werte zu definieren, die für alle stimmig und akzeptabel sind. Wenn sie dann gefunden und festgelegt wurden, müssen sie auf alle Bereiche heruntergebrochen und angepasst werden. Jede Abteilung und jedes Team muss sich fragen: »Was bedeuten diese Werte für uns ganz konkret? Was müssen wir tun, um diese umzusetzen? Und was dürfen wir nicht mehr tun, um sie nicht zu gefährden?«

Nur selten wird es gelingen, damit alle Mitarbeiter zu erreichen. Manche werden sich verabschieden, wenn sie sich in den beschriebenen Werten nicht wiederfinden. Und so hart es klingt: In der Regel ist ein solcher Bereinigungsprozess gesund für beide, das Unternehmen und den betroffenen Mitarbeiter.

Trotzdem diskutieren wir heute so viel über Werte wie noch nie zuvor. Warum ist das so? Da hilft wieder ein Blick auf die Werteforschung. Die verschiedenen Wertelevels sind in unterschiedlichen Zeiten der Menschheitsgeschichte entstanden. Die ältesten sind so alt wie die Menschheit selbst. Andere sind erst vor wenigen Jahrzehnten entstanden. Die Demokratisierung vieler Gesellschaften, Studentenbewegung und Friedensdiskussion, das Streben nach größerer individueller Freiheit und Selbstbestimmung, das Bewusstsein von Gesamtzusammenhängen und Umweltschutz, aber auch die Globalisierung und die internetgetriebene weltweite Kommunikation – das sind alles Veränderungen, die mit neuen Wertelevels zusammenhängen. Manche Entwicklungsstufen sind laut Werteforschung erst in den letzten 30 bis 40 Jahren entstanden. Damit erleben wir heute eine Vielfalt von Wertvorstellungen, die nebeneinander existieren und die komplexer sind als je zuvor. Die aktive Auseinandersetzung mit dem Thema ist ein Versuch, diese Komplexität zu durchdringen.

Uns, den Autoren, hilft es jedenfalls. Und wir werden auch Ihnen helfen, sich nicht nur im Dickicht der vielfältigen Werte zurechtzufinden, sondern sich darin aktiv und gestaltend zu bewegen.

Verkauf und Werte – passt das eigentlich zusammen?

So wie wir in allen gesellschaftlichen und beruflichen Bereichen in den letzten Jahrzehnten einen Wertewandel beobachten können, so sehen wir diesen auch im Verkauf. Folgende Trends sind erkennbar:

Bis vor 20, 30 Jahren lief der Verkauf sehr stark über die persönlichen Beziehungen zwischen Kunden und Verkäufern. Dabei spielten Hierarchieebenen eine große Rolle. Der Generaldirektor wurde vom Geschäftsführer betreut, man kannte sich und vielleicht spielte man zusammen Golf. Eine erfolgreiche Verhandlung wurde durchaus mal bei einem guten Cognac gefeiert. Einladungen zu Geschäftsessen fanden häufig im Haus des Chefs statt und die Ehefrau nahm eine wichtige Position als Gastgeberin und Repräsentantin ein. Auch auf Verkaufsleiter- und Verkäuferebene spielte die gute und persönliche Beziehung zu den Kontaktpersonen eine wesentliche Rolle. Heute gibt es immer noch einige wenige Verkäufer, die diese Art des Verkaufens praktizieren. Sie und ihre Ansprechpartner sind inzwischen kurz vor dem Ruhestand. Die meist mittelständischen Unternehmen sind vielfach gerade in der Phase der Unternehmensnachfolge.

Früher: der hierarchisch organisierte Verkauf

Seit den 1970er-Jahren entwickelte sich parallel dazu der Trend des Hardselling. Überredungs- und Manipulationstechniken spielten eine wichtige Rolle. In dieser Zeit entstanden viele Methoden, die darauf ausgerichtet waren, ein schnelles und unüberlegtes »Ja« vom Kunden zu bekommen. Die Stornoregelungen waren zu dieser Zeit noch sehr anbieterfreundlich und deshalb lohnte sich diese Vorgehensweise für Verkäufer. Der schlechte Ruf, den Verkäufer heute häufig noch haben, hat seinen Ursprung in dieser

Hardselling als negativer Verkaufsansatz

Verkaufsausrichtung. Im Direktvertrieb – beispielsweise von Finanzdienstleistungen und Elektrogeräten – an Privatkunden halten sich solche Techniken bis heute.

Die druckbetonten Methoden des Verkaufens wirkten sich irgendwann auch auf die Gegenseite, den Einkauf, aus. Auch Einkäufer verdarben sich ihren Ruf, als sie anfingen, Verkäufer schlecht zu behandeln, um bessere Preise zu bekommen. Wenn Sie also heute noch erleben, dass Sie ewig warten müssen, nichts zu trinken bekommen und der Einkäufer Sie behandelt wie den letzten Abschaum, wissen Sie, welche Schule er durchlaufen hat. Zum Glück werden diese Methoden auf beiden Seiten immer seltener genutzt.

Das Controlling hält Einzug Hardselling und Hardbuying wurden in den letzten ein bis zwei Jahrzehnten durch zahlengetriebene Methoden der Entscheidungsfindung abgelöst. Das Controlling hielt immer stärker Einzug in Ein- und Verkauf. Die vielfältigeren Möglichkeiten, die sich durch die Nutzung der IT ergaben, unterstützten diesen Trend. Je nach Branche übernahm dabei die Verkaufs- oder Einkaufsseite die Führung. In unserem Alltag erleben wir zum Teil Branchen, in denen die Verkäufer zwar Rentabilitäten berechnen könnten, den Kunden jedoch (noch) das Interesse daran fehlt. Noch häufiger scheint uns der umgekehrte Fall zu sein: Junge Entscheider mit solidem betriebswirtschaftlichem Hintergrund fordern oft ihre Lieferanten mehr, als diesen lieb ist.

Zu diesem Trend gehört auch der Versuch, das menschliche Element mehr und mehr aus der Entscheidungsfindung herauszuhalten. Internetauktionen anonymisieren den Kaufvorgang komplett. Die Gefahr, auf einen charismatischen Verkäufer hereinzufallen, scheint gebannt. Doch zunehmend ziehen sich einkaufende Unternehmen von dieser rein IT-basierten Vorgehensweise zurück. Zu viel Know-how geht verloren, wenn Einkauf und Verkauf nicht mehr zusammen über ein Projekt nachdenken können.

Die Idee des strategie- und ergebnisbasierten Einkaufs ist geblieben, doch mittlerweile dürfen Anbieter und Kunden wieder zusammensitzen und sich beraten. Ziel- und Ergebnisorientierung stehen heute vielfach im Vordergrund. Für den Verkauf entstanden auf diese Weise Trends wie Lösungsverkauf, Value Selling und ein starker Fokus auf die Einbeziehung von Kundenstrategien. Mehr als je zuvor müssen Verkäufer das Geschäft ihrer Kunden verstehen, um ihnen beim Erreichen ihrer Ziele helfen zu können. In Verhandlungen darf auf diesem Level durchaus noch gefeilscht und gezockt werden. Oft scheinen gute Kompromisse reizvoller als echte Konsenslösungen zu sein.

Ziel- und ergebnisorientierte Trends im Verkauf

Die meisten Verkaufsorganisationen bewegen sich heute auf diesem Level des Vertriebs. In vielen Firmen sind die Verkäufer von ihren Fähigkeiten her allerdings noch nicht ausreichend auf diese Art Verkauf eingestellt. Häufig argumentieren sie noch zu sehr produkt- statt kundenorientiert. Der echte Dialog mit Kunden, in dem man herauszufinden versucht, wo der Schuh drückt, kommt in den meisten Verkaufsgesprächen immer noch zu kurz.

Einen Schritt weiter gehen Unternehmen, die konsequent partnerschaftlich agieren. Kunde und Lieferant verstehen sich als Team und denken gemeinsam über neue Lösungen nach. Der Einkäufer weiß das wertvolle Fachwissen der Verkäufer zu schätzen. In Verhandlungen argumentieren beide Seiten offen und transparent, weil sie wissen, dass sie sich so am besten gegenseitig unterstützen können. Diese Art der Zusammenarbeit setzt ein hohes Maß an Aufrichtigkeit und Vertrauen voraus. Sie bietet dafür aber auch die Chance auf innovative und wertschöpfende Ideen. Starre Produktpaletten werden abgelöst durch flexible oder ganz offene Lösungen.

Kunde und Lieferant als Team

Im technischen Vertrieb, im Investitionsgüterbereich und im Vertrieb komplexer Dienstleistungen agieren mehr und mehr Vertriebler schon auf der nächsten Stufe des Verkaufs. Hier stehen Vernetzung und flexiblere Strukturen im Mittelpunkt. Ein Vertriebsmitarbeiter auf diesem Level hat zahlreiche Kontakte online und offline. Er denkt eher in Projekten als in langfristigen Verträ-

Vernetzung und flexiblere Strukturen im Verkauf

gen. Um ein Konzept umzusetzen, kann er kurzfristig die verschiedensten Ressourcen aktivieren, projektbezogene Kooperationen knüpfen und Menschen zusammenbringen. Er kann besser als die Verkäufer der vorherigen Generationen den Wert unterschiedlicher Kompetenzen schätzen. Vielleicht holt er für ein Projekt sowohl einen nüchternen Zahlenmenschen als auch einen kreativen Künstler in sein Team. Dass diese beiden diametral verschiedenen Charaktere sich nicht gegenseitig bekämpfen, sondern ihre verschiedenen Fähigkeiten sinnvoll verbinden, ist seine Aufgabe.

Zukunftsmusik: Auflösung der Strukturen

Noch einen Schritt weiter gedacht, gibt es wahrscheinlich gar keinen Verkauf im klassischen Sinn mehr. Wenn Firmen und Organisationen sich einer Aufgabe widmen, von deren Sinn sie rundum überzeugt sind, finden Kunden dann vielleicht wie von allein zu ihnen. Sich auf sinnstiftende Produkte und Leistungen zu konzentrieren, diese mit Leidenschaft immer weiterzuentwickeln und ihr Wissen darüber zu teilen, ist dann die Hauptaufgabe eines Unternehmens. Das gemeinschaftliche Wohl und echte Verantwortung für Umwelt und Menschen spielen in einer solchen Denkweise eine größere Rolle als schneller Gewinn. Und dank der Möglichkeiten moderner Kommunikation sprechen sich solche Angebote viral in Windeseile herum.

Noch gibt es kaum Unternehmen, die sich auf diesem Level vermarkten. Doch wenn wir die Entwicklung der Wertelevels, die auf individueller Ebene schon existieren, weiterdenken, ergibt sich wahrscheinlich in Zukunft vermehrt ein »Verkauf«, der so oder so ähnlich aussieht, wie hier beschrieben.

Die wachsende Bedeutung des werteorientierten Verkaufens

Sie konnten also in den letzten 30 Jahren auch im Verkauf einen starken Wertewandel erleben. Manche Verkäufer haben sich mitentwickelt, andere nicht. Als Trainer erleben wir ab und zu Urgesteine, die immer noch den reinen Beziehungsverkauf proklamieren und leben. In der Regel sind diese Verkäufer seit 25 oder gar 30 Jahren im selben Unternehmen und meistens sogar in demselben Verkaufsgebiet. Ihre Kundenkontakte sind ebenfalls oft über Jahrzehnte gewachsen.

Das Verkäufer-Urgestein: ein Auslaufmodell

Doch zunehmend stoßen diese alten Hasen an ihre Grenzen. Wenn plötzlich ein junger Unternehmensnachfolger die Gespräche führt, kommen sie mit Beziehungspflege allein nicht mehr weiter. Stattdessen verhandeln sie plötzlich mit engagierten und ehrgeizigen Geschäftsleuten der Generationen X oder Y, die sich nach jeder investierten Gesprächsstunde fragen, was ihnen diese jetzt gerade gebracht hat. Sicher sind diese Verkäufer alter Schule Extrembeispiele. Sie hatten nie Grund, sich weiterzuentwickeln, weil sie in ihrer Komfortzone erfolgreich genug waren. Häufig arbeiteten sie über Jahrzehnte für Marktführer, deren Produkte sich fast von selbst verkauften.

Manchmal sind die Versäumnisse in der Entwicklung auch geringer und Verkäufer oder Verkaufsleiter merken lediglich zu spät, dass sich ihr Kundenmarkt eine einzige Stufe weiter bewegt hat. Bis sie den Rückstand wahrgenommen und aufgeholt haben, kann der Wettbewerb allerdings schon schmerzhaft viele Marktanteile übernommen haben.

Wenn Sie also selbst ein Verkaufsteam leiten oder Teil davon sind, ist es wichtig, dass Sie sich immer wieder kritisch hinterfragen. Passen Sie noch zu Ihrem Markt? Was tut sich in Ihrer Branche? Wohin wird sich Ihr Kundenumfeld als Nächstes entwickeln? Während viele wirtschaftliche Rahmenbedingungen heute schlicht nicht mehr einschätzbar sind, gibt es andererseits ganz klare Erkenntnisse darüber, wie sich Menschen, Teams und Orga-

Wie Wertelevels funktionieren

nisationen entwickeln. Wertelevels bauen nach nachvollziehbaren Strukturen aufeinander auf. Jede Stufe hat ihre eigenen Regeln und Wertvorstellungen, die in diesem Buch beschrieben werden. Levels zu überspringen ist nicht möglich, sodass Verkaufsorganisationen nach bestimmten Regeln und Abfolgen entwickelt werden müssen. Die Auseinandersetzung damit kann Ihnen helfen, Veränderungen nicht nur frühzeitiger zu erkennen, sondern sie auch systematisch zu vollziehen.

Werteorientiert zu verkaufen bedeutet also nicht, dass Sie offiziellen und einheitlichen Wert- und Moralvorstellungen entsprechen müssen, sondern dass Sie sich Ihrer eigenen Werte, denen Ihres Teams, Ihres Unternehmens und denen Ihrer Kunden bewusst sind und Konsequenzen daraus ableiten können.

KAPITEL 3

Die 9 Levels im Überblick

Lukas Level – eine Verkäuferkarriere im Wertewandel

Wie der Wertewandel in einem einzigen Verkäuferleben funktioniert, möchten wir Ihnen exemplarisch an Lukas Level zeigen, den wir von seinem Schulabschluss bis zum vorläufigen Ende seiner Karriere im Verkauf begleitet haben.

Level Purpur

Lukas ist noch jung, als seine Verkäufergeschichte beginnt. Gerade hat er seinen Realschulabschluss gemacht. Bisher musste er sich nicht sehr anstrengen und er ist auch wild entschlossen, es weiterhin nicht zu tun. So denkt er jedenfalls, als er sich in der süddeutschen Kleinstadt, in der er aufgewachsen ist, um eine Lehrstelle im kaufmännischen Bereich bewirbt. Der Betrieb ist klein, aber innovativ. Der Chef, Paul Petermann, ein Vereinskollege seines Vaters, ist Bauingenieur. Er hat eine Maschine erfunden, mit der medizinische Instrumente auf eine neue, besonders sichere Weise sterilisiert werden können. Neben Lukas gibt es noch zwei weitere Auszubildende, eine Chefsekretärin und acht andere Mitarbeiter in verschiedenen Bereichen.

Lukas bekommt die Stelle. Zugegeben, sein Vater hilft ein bisschen nach. Bei einem Bier im Vereinslokal lässt sich so manches

Start ins Berufsleben: mit geringstmöglichem Aufwand

regeln. Nun muss Lukas sich aber Mühe geben. Das tut er auch und übersteht die drei Jahre Ausbildung ohne größere Probleme und mit guten Ergebnissen. Sicher hilft es ihm, dass er währenddessen noch bei seinen Eltern wohnen kann, bei denen er sich sehr wohlfühlt.

Aber nun, nach bestandener Prüfung, geht der Ernst des Lebens richtig los. Zum Glück will sein Chef Lukas übernehmen und bietet ihm eine Stelle als Juniorverkäufer an. Bisher hat Herr Petermann den Vertrieb seiner Geräte ganz allein übernommen. Aber nun soll Lukas langsam in die Rolle eines zweiten Verkäufers hineinwachsen. Im Moment bedeutet das aber vor allem weiterlernen, seinem Chef zuarbeiten und dessen Anweisungen umsetzen.

Eigeninitiative? Nicht gefragt

Und Herr Petermann ist ein strenger Chef. Keine Entscheidung wird ohne ihn gefällt, er hat ganz genaue Vorstellungen, wie Aufgaben zu lösen sind, und mischt sich oft ein. Lukas ist das aus seiner Lehre schon gewohnt und hat kein Problem damit. Eigentlich findet er es sogar ganz bequem, nicht selbst entscheiden zu müssen. Nur manchmal, wenn er eine Aufgabe nicht abschließen kann, weil er erst den Chef fragen muss, kommt Lukas sich ein bisschen komisch vor. Mit der Zeit darf Lukas einige kleine Kunden selbst betreuen. Wenn diese Verbrauchsmaterial bestellen, versuchen sie manchmal zu handeln. Aber da hat Lukas klare Anweisungen: Über Preisnachlässe darf nur der Chef entscheiden. Manchmal würde es ihn zwar schon reizen, selbst zu verhandeln, aber er kennt die Abläufe. Das gibt nur Ärger.

Level Rot

Zwei Jahre später sieht die Welt dann allerdings plötzlich ganz anders aus. Herr Petermann hatte einen Herzinfarkt, musste eine Weile kürzertreten und hat einen Geschäftsführer eingestellt. Kurze Zeit später nimmt Herr Petermann das Angebot eines mittelständischen Herstellers von Medizingeräten an und verkauft sein Unternehmen ganz, um sich wieder neuen Projekten und Ideen widmen zu können.

Der neue Geschäftsführer Robert Rupp bekommt plötzlich viel Entscheidungsfreiheit und stellt gleich zwei neue Verkäufer ein. Beide haben schon früher im Vertrieb gearbeitet und legen voller Elan los. Auch Lukas wird nun zum vollwertigen Außendienstler befördert und bekommt ein eigenes Vertriebsgebiet. Allerdings ist es zu Beginn ganz schön ungewohnt, sich selbst zu organisieren.

Raus aus dem Dornröschenschlaf

Der neue Geschäftsführer kennt keine Gnade. Jede Woche wird die Verkaufsrangliste mit Umsätzen, Abschlüssen und Besuchszahlen veröffentlicht. Und der schlechteste Verkäufer wird vor den anderen ausgefragt, warum er nicht besser abgeschnitten hat. Nachdem Lukas acht Wochen am Stück auf dem letzten Platz stand, reicht es ihm. Er nimmt sich vor, so bald wie möglich mindestens einen der Kollegen zu überholen, um endlich wieder seine Ruhe zu haben. Und dafür ist er bereit, alles zu tun.

Er klappert fortan sein Gebiet akribisch ab. Keine Klinik, kein Dorfkrankenhaus und auch kein Tierarzt sind vor ihm sicher. Wenn er bei einem Kunden rausgeworfen wird, weil er zu aggressiv war, kommt er eine Woche später wieder. Er sagt, was die Kunden hören wollen, und biegt dabei auch gerne mal die Wahrheit zurecht. Schnelle Lieferzeiten? Kein Problem! Wenn es dann länger dauert, erfindet er sehr kreative Ausreden. Wenn er erst einmal einen Fuß in der Tür hat, wird man ihn nicht mehr so schnell los. Will ein Kunde nicht so recht mitspielen, überzeugt er ihn auch mal mit einem übergroßen Rabatt. Schließlich wird er nach Umsatz bezahlt, was kümmert ihn da der Gewinn des Unternehmens.

Mit harten Bandagen kämpfen

Und auch bei den Kollegen kennt er keine Gnade. Wenn ein anderer Gebietsleiter eine Klinikkette überzeugt hat, verkauft Lukas so schnell er kann auch in der dazugehörigen Klinik seines Gebiets und streicht den Bonus ein. Mit Kollegen teilen? Keine Rede davon. Ja, manchmal gibt es Ärger deshalb. Aber das ist immer noch besser, als einen öffentlichen Rüffel vom Chef zu bekommen, weil die Zahlen nicht stimmen. Schließlich ist Lukas inzwischen ständiger Anführer der Verkaufsrangliste. Dafür kann er schon mal ein bisschen Unmut von den Kollegen aushalten.

Irgendwann wird die Situation allerdings brenzlig, weil einige von Lukas' Schummeleien aufzufliegen drohen. Aber Lukas ist ja mittlerweile mit allen Wassern gewaschen. Er nutzt seine gute Position, um sich in einem anderen Unternehmen der Branche zu bewerben. Da er gute Erfolge vorweisen kann und einen dynamischen Eindruck macht, bekommt er die Stelle.

Level Blau

Schon nach kurzer Zeit im neuen Betrieb muss Lukas allerdings feststellen, dass dort ein ganz anderer Wind weht. Statt drei arbeiten zehn Mitarbeiter im Außendienst. Es gibt einen Verkaufsleiter und es gibt Regeln – viele Regeln! Der Vertrieb der neuen Firma ist durchstrukturiert bis ins letzte Detail.

Vor- und Nachteile strikter Regeln

Lukas muss sich plötzlich an einen vorgegebenen Verkaufsprozess halten. Jeder Kundenkontakt, jedes Gesprächsergebnis und jede Verkaufschance wird in Tabellen erfasst. Lukas' Erfolg wird nicht mehr nur am Umsatz, sondern auch am Deckungsbeitrag gemessen. Wie viele Angebote er schreibt, um zu einem Abschluss zu kommen, wird ebenfalls nachgeprüft. In der ersten Zeit fühlt Lukas sich gegängelt und eingesperrt. Solche starren Vorgaben und Regeln kannte er bislang nicht. Eine Zeit lang überlegt er ernsthaft, ob die neue Stelle zu ihm passt. Aber er beißt sich durch, weil er im Moment keine andere Idee hat. Und nach einigen Monaten stellt Lukas überrascht fest, dass die Regeln ihm auch helfen. Er kann sich besser organisieren, besser planen und hetzt nicht mehr hektisch von Kunde zu Kunde. Auch die Verkaufsmeetings stellen nicht mehr jede Woche eine Überraschung dar. Lukas kann jetzt viel besser einschätzen und planen, wie sich seine Zahlen entwickeln.

Veränderungen? Lieber nicht

Nur wenn er hin und wieder einen Vorschlag für eine Veränderung hat, wird es schwierig. Sein direkter Vorgesetzter, der Verkaufsleiter, hält nichts von »spinnerten Ideen« und an den Geschäftsführer kommt Lukas nicht heran. In seiner Firma hält man sich strikt an die Hierarchie. Eine Idee kann Lukas allerdings auf eigene Faust umsetzen. Die geregelten Strukturen ermöglichen ihm nebenbei ein Fernstudium in Betriebswirtschaft. Genug Berufserfahrung hat er nach der Ausbildung auch gesammelt und so wird er zum Studium zugelassen. In der Firma gilt ein pünktlicher Feierabend nicht als ehrenrührig und deshalb paukt Lukas nun abends für den BWL-Abschluss. Die Zeiten, als er noch den bequemen Weg gegangen ist, sind schließlich schon lange vorbei. Lukas ist jung und will etwas erreichen.

Level Orange

Drei harte Jahre später hat Lukas es geschafft, er ist Betriebswirt. Nun bieten sich auch in der Firma neue Möglichkeiten. Lukas bekommt ein größeres Verkaufsgebiet mit einigen besonders wichtigen Kunden. Dass er dafür umziehen muss, stört ihn nicht. Allerdings hat er sich schlechte Zeiten für seinen Karrieresprung ausgesucht. Zwei starke Wettbewerber sind auf den Markt gedrängt und kämpfen aggressiv um die Kunden. Die Qualität, die in Lukas' Firma immer eine so große Rolle gespielt hat, zählt plötzlich nicht mehr. Die Konkurrenzunternehmen können sich mit ihren guten Nachahmerprodukten auch sehen lassen. Und sie haben in Design und Service einige Vorteile.

Während einige Vertriebskollegen sich aufs Jammern zurückziehen, will Lukas nicht so schnell das Feld räumen. Er überlegt sich, wie er seine Kunden halten und dem Wettbewerb sogar dessen Klienten abluchsen kann. Aufgrund seiner betriebswirtschaftlichen Kenntnisse kann er inzwischen vor allem mit den kaufmännischen Leitern und Einkäufern von Kliniken auf einem anderen Niveau sprechen. So punktet er vor allem durch neue Finanzierungsmodelle und handelt raffinierte Rahmenverträge aus. Oft kann er so die Konkurrenz aus dem Feld schlagen, ohne dass es seinen Gewinn allzu sehr schmälert.

Eigene Ideen einbringen

Die Vertriebsmitarbeiter aus den anderen Firmen, aber auch Lukas' Kollegen haben mit ihrem rein medizinischen Hintergrund oft das Nachsehen. Und so steht Lukas bald wieder gut da. Mitt-

lerweile fährt er einen tollen Firmenwagen, kann sich eine große Wohnung mit Terrasse leisten und zum 35. Geburtstag hat er
sich eine richtig schöne Uhr gekauft. Demnächst will er seiner
Freundin einen Heiratsantrag machen. Langsam wird es Zeit, eine
Familie zu gründen.

Level Grün

Vielleicht sind es die Ehe und der Nachwuchs, die Lukas nach-
denklicher machen. Vielleicht ist es aber auch das Gefühl, an eine
Grenze zu stoßen. Auf jeden Fall macht Lukas sich mehr und
mehr Gedanken darüber, wie er eigentlich mit seinen Kunden
umgehen möchte. Immer nur Zahlen zu schieben und Verträge
abzuschließen, reicht ihm nicht mehr. Er will seine Kunden besser verstehen und noch attraktivere Möglichkeiten für sie finden.

Den Horizont erweitern: Kundenorientierung statt Egotrip

Ein Freund hat ihm von sogenannten Erfahrungsgruppen erzählt – eine Idee, die Lukas überzeugt. Er gründet eine erste solche Gruppe, in die er Chefärzte, Verwaltungsleiter und Qualitäts-
beauftragte von Kliniken einlädt, die sich mit der Qualität der
Hygiene in Krankenhäusern intensiver beschäftigen wollen. Die
aktuellen Pressemeldungen über Krankenhauskeime und
Infektionen unterstützen Lukas' Bestreben noch zusätzlich. Inzwischen ist er zum Key-Account-Manager befördert worden und
kann bundesweit agieren. Dadurch kann er die interessantesten
Gesprächspartner der Branche an seine runden Tische holen. Bald
macht die Idee Furore.

Nach einiger Zeit stellt Lukas fest, dass es ihm gar nicht mehr so
wichtig ist, gut dazustehen. Er will vielmehr verstehen, wie er
seinen Kunden wirklich besser helfen kann. Vielleicht denkt er
auch manchmal an seine kleine Tochter. Er will sichergehen, dass
ihr nichts Schlimmes zustößt, wenn sie in ein Krankenhaus muss.
Der Austausch mit seinen Kunden macht Lukas große Freude
und er kommt von diesen Runden mit guten neuen Anregungen
für Produktverbesserungen und Serviceoptimierung in die Firma
zurück. Bei einigen Kollegen in der Entwicklungsabteilung stößt

er auf offene Ohren und so können viele seiner Ideen umgesetzt werden.

Level Gelb

Lukas erfährt inzwischen Unterstützung direkt aus der Geschäftsleitung. Besonders der Geschäftsführer Gustav Gerber erkennt, dass Lukas nicht mehr in eine klassische Vertriebsposition passt. Um ihn nicht zu verlieren, bietet er ihm deshalb eine Sonderposition an. Lukas darf in Zukunft eigene Projekte entwickeln und umsetzen. Die Informationen, die er in den Erfahrungsgruppen bekommt, geben ihm dazu reichlich Anhaltspunkte.

Wenn Lukas eine Projektidee hat, sucht er sich im Unternehmen die fähigsten Leute, um diese umzusetzen. Dabei hilft ihm, dass er mittlerweile die unterschiedlichen Qualitäten von Kollegen gut einschätzen und respektvoll mit den verschiedensten Typen umgehen kann. In einem Projekt braucht er zum Beispiel einen Kollegen, der besonders genau, ja fast schon pingelig ist und sicherstellen kann, dass die Qualitätskriterien eines neuen Filterverfahrens eingehalten werden. Für die Vermarktung dagegen holt er sich eine kreative Kollegin, die durch ihre unkonventionelle Denkweise auffällt und vor allem das Internet für die neue Marketingstrategie einsetzt. Sobald Projekte laufen, zieht Lukas sich wieder zurück und beginnt mit der Umsetzung der nächsten Idee.

Vernetzung und Menschenkenntnis führen zum Ziel

Level Türkis

Wieder ein Medizinskandal. Und diesmal hat es ausgerechnet eine kinderchirurgische Abteilung erwischt. Lukas reicht es. In seiner Firma konnte er zwar einen erheblichen Beitrag leisten, damit solche Fehler nicht mehr passieren. Dennoch agieren manche Krankenhäuser immer noch so, als hätten sie noch nie von Hygiene gehört. Lukas will handeln. Er will, dass Menschen wieder mit dem guten Gefühl in ein Krankenhaus gehen können, dass ihnen dort geholfen wird und sie nicht um ihr Leben fürchten müssen. Doch in seiner momentanen Position kann er nicht genug bewirken.

Risikobereitschaft und Motivation für ein höheres Ziel Also wagt er einen mutigen Schritt. Er bittet den Firmeninhaber Theodor Trutz um einen Termin. Eigentlich hat sich Trutz schon vor einigen Jahren aus dem aktiven Geschäft zurückgezogen. Aber für Lukas' Anliegen nimmt er sich gerne Zeit. Der hat die Idee, eine Stiftung zu gründen, die sich für die Verbesserung der hygienischen Zustände in Krankenhäusern und Kliniken einsetzt. Sie soll außerdem Opfern von Krankenhausinfektionen helfen.

Theodor Trutz ist von der Idee begeistert – so kann er eines Tages neben seiner Firma ein noch bedeutenderes Vermächtnis hinterlassen. Er setzt einen Teil seines Privatvermögens ein, um die Stiftung zu gründen. Lukas übernimmt die Geschäftsführung, sammelt Spenden und setzt die verschiedenen Aufgaben der Stiftung um. So werden unter anderem Weiterbildungen organisiert, die das Qualitätsmanagement und die Organisation in den kritischen Klinikbereichen gravierend verbessern können. Dazu werden Kapazitäten aus der ganzen Welt gewonnen, die sich – zum Teil ehrenamtlich – für die Sache engagieren. Für Opfer von Krankenhausinfektionen werden medizinische, soziale und rechtliche Beratungseinrichtungen gegründet.

Am Ziel? Die Firma, in der Lukas so lange gearbeitet hat, profitiert ebenfalls vom Engagement ihres Gründers und Inhabers. Die Kontakte der Stiftung tragen zu einer guten wirtschaftlichen Entwicklung bei. Doch damit hat Lukas nicht mehr direkt zu tun. Lukas Level ist glücklich. Er ist mittlerweile 52 Jahre alt. Seine Tochter hat gerade mit der Oberstufe begonnen; sein vier Jahre jüngerer Sohn kommt im Gymnasium ebenfalls gut zurecht und geht seiner Leidenschaft nach, sich auf dem Fußballplatz auszutoben. Lukas' Frau ist inzwischen auch bei der Stiftung angestellt und freut sich, dass sie eine so sinnvolle Aufgabe unterstützen kann. Eigentlich kann es immer so bleiben. Aber wer weiß, irgendwann wird Lukas eventuell wieder unruhig oder unzufrieden und dann wechselt er vielleicht ins … Level Koralle. Doch das liegt noch in ferner Zukunft.

Clare W. Graves – die Ursprünge des Wertemodells

»The emergent, cyclical double-helix model of the adult human biopsychosocial systems development«* nannte Clare W. Graves sein Modell der menschlichen Existenzebenen. In einem Tondokument aus den 1970er-Jahren rechtfertigt er sich für den sperrigen Namen: »I'm sorry, but that is, what it is.«[6]

Wir werden hier nicht tief in die komplexe Entwicklung dieses Modells einsteigen, sondern Ihnen nur ein paar Ideen geben, wie der Begründer der Forschung zum Modell der Wertesysteme, Clare W. Graves, auf seine Erkenntnisse stieß. Das Modell der 9 Levels, mit dem wir hier arbeiten, ist eine Weiterentwicklung der Graves'schen Forschung. Es ist auf den Arbeits- und Vertriebsalltag zugeschnitten. Es ist ebenso stimmig wie Graves' ursprüngliches Modell und gleichzeitig deutlich pragmatischer und besser anwendbar. Doch widmen wir uns erst einmal kurz den Ursprüngen. Sie helfen, das Modell einzuordnen und besser zu verstehen.

Clare W. Graves[7] (1914–1986) arbeitete den größten Teil seines Lebens als Psychologieprofessor am renommierten Union College in Schenectady im amerikanischen Bundesstaat New York. Immer wieder wollten dort seine Studenten von ihm wissen, welche der bis dahin bekannten psychologischen Modelle zur Beschreibung psychisch gesunder Menschen nun richtig seien. Genervt von dieser immer gleichen Fragestellung, die in der damals existierenden Literatur nicht beantwortet wurde, versuchte er, dem Thema selbst auf den Grund zu gehen.

Die Grundfrage: Was macht psychische Gesundheit aus?

Graves ließ seine Studenten Aufsätze über »den erwachsenen Menschen« schreiben. Er beobachtete dabei nicht nur, welche Ansichten sie vertraten, sondern auch, wie sie darüber diskutierten, sich von Kommilitonen beeinflussen ließen und wie sie ihre

---

* Zu Deutsch: »Das aufstrebende, zyklische Doppelhelix-Modell der biopsychosozialen Systeme des erwachsenen Menschen«

Ergebnisse präsentierten. Über Jahre sammelte er so Daten darüber, wie seine Studenten sich und die Welt sahen, was sie für falsch und richtig hielten und wie sie sich in dieser Sichtweise behaupteten. Die daraus entstandenen Arbeiten der Studenten ließ er von unabhängigen Personen, die mit der Entstehung der Arbeiten nichts zu tun hatten, auf Gemeinsamkeiten untersuchen.

Ursprünge des Ich- und Wir-Bezugs

Nach und nach entdeckte Graves auf diese Weise bestimmte Muster. Zunächst fand er zwei grundlegende Unterscheidungsmerkmale. Etwa 60 Prozent der Studenten beschrieben in ihren Arbeiten, dass gesunde Menschen »das Selbst zurückweisen und aufopfern« sollten. Der andere Teil empfand es als gesund, »das Selbst in den Vordergrund zu stellen«. Daraus wurde in späteren Arbeiten der Ich- und Wir-Bezug, mit dem wir auch im 9 Levels-Modell arbeiten.

In weiteren Schritten entdeckte Graves verschiedene Sichtweisen, die sich immer wiederholten. Über die Jahre konstatierte er verschiedene Subtypen, die sich voneinander abgrenzen und beschreiben ließen. Graves stellte außerdem fest, dass viele seiner Studenten sich im Laufe der Zeit veränderten und weiterentwickelten. Diese Entwicklungsschritte fanden immer in bestimmten Abfolgen statt, die bei allen gleich waren. Zudem merkte er, dass der Ich- und Wir-Bezug einander abwechselten. Auch in diesem Punkt gab es keine Ausnahmen.

Die Idee des offenen Systems

Zunächst dachte Graves noch, dass er seine Forschung in einem in sich abgeschlossenen Modell darstellen könnte. Doch Ende der 1950er-Jahre zeichneten sich plötzlich neue Entwicklungen ab, die er bis dahin noch nie beobachtet hatte. Ein neuer Subtyp tauchte auf. Der Psychologe musste seine Vorstellung eines finalen Modells überdenken. Er kam zu der Erkenntnis, dass die Werteentwicklung sich fortsetzen und sein Modell niemals abgeschlossen sein könnte. Daraus entstand die Idee des nach oben offenen Systems, das bis heute Bestand hat.

All diese Erkenntnisse könnten wir Ihnen hier nicht präsentieren, wenn nicht drei wichtige Menschen dem Wissenschaftler zu Hilfe gekommen wären. 1966 schrieb Graves einen seiner wichtigsten Aufsätze: »Deterioration of Work Standards«.[8] Er reichte ihn zur Veröffentlichung beim Harvard Business Review ein, wurde aber abgelehnt. Ein Student, der in Graves' Haus Reparaturen machte, sah den Artikel und fragte nach. Als er hörte, dass der Beitrag abgewiesen worden war, regte er sich darüber so auf, dass er einen erneuten Anlauf bei der Redaktion startete. Offenbar war Graves' Schüler sehr überzeugend, denn der Artikel wurde publiziert. Diese Begebenheit ist nur als Anekdote überliefert, aber wir wollen sie gern glauben. Dass der veröffentlichte Artikel dann aber für Aufsehen und zahlreiche Reaktionen sorgte, ist bekannt und bewiesen. Bis heute gilt der Beitrag als der am meisten nachgefragte in der Geschichte des Harvard Business Review.

Eine zweite wichtige Unterstützung fand Graves in den Wissenschaftlern Don Beck und Christopher Cowan. Beck wurde in den 1970er-Jahren auf Graves' Arbeit aufmerksam und 1975 trafen sich die beiden erstmals persönlich. Clare W. Graves war zu diesem Zeitpunkt schon sehr krank. Er hatte fünf Schlaganfälle und eine OP am offenen Herzen hinter sich und war nicht mehr in der Lage, seine Forschungsarbeiten in einem Buch zusammenzufassen. Beck versprach daraufhin, ihm mindestens für die kommenden zehn Jahre zur Seite zu stehen, um die Arbeit fortzusetzen und zu veröffentlichen. Die beiden arbeiteten bis zu Graves' Tod 1986 an der Weiterentwicklung des Modells. 1996 veröffentlichten Beck und Cowan das Buch »Spiral Dynamics«[9], in dem sie ihr gleichnamiges Modell, das sie auf Basis der Arbeiten von Graves entwickelt hatten, vorstellen.

Weiterentwickler: Don Beck und Christopher Cowan

Dieses mit Farben unterlegte Modell ist griffiger und anschaulicher als die ursprüngliche Darstellung von Graves. Es ist beeindruckend, wie Beck und Cowan in ihrem Buch die menschliche Entwicklung und die Dynamik der Veränderung unserer Welt abbilden und beschreiben.

Zur Entstehung und Wissenschaftlichkeit der 9 Levels of Value Systems

Später in diesem Kapitel werden wir Ihnen das Modell der 9 Levels of Value Systems genauer vorstellen. Und wahrscheinlich werden Sie sich, wie die meisten Menschen, die Frage stellen: »Welche Levels sind wohl bei mir gerade vorrangig bestimmend?« Diese Frage ist nicht einfach zu beantworten. Zu leicht mischen sich Wunsch und Realität. Außerdem finden Sie in der Regel Anteile der meisten Levels in Ihrem Wertesystem – entweder weil Sie diese schon durchlaufen haben oder weil sich erste Spuren davon in der Entwicklung abzeichnen.

Anforderungen an ein neues Tool: messbar, wissenschaftlich fundiert, praxistauglich

Diese Frage trieb auch uns um, als wir auf Graves stießen und uns für seine Ergebnisse begeisterten. So entstand die Idee, ein Analysetool zu entwickeln, mit dem die Ausprägungen der Levels eindeutig und nachvollziehbar gemessen und dargestellt werden können. Die Anforderungen an ein solches Tool waren hoch: Es musste messbar und wissenschaftlich fundiert sein. Es sollte sich für die Anwendung in der Praxis eignen und auch von »Zahlenmenschen« leicht verstanden werden. Und natürlich musste es die Levels korrekt und valide darstellen und damit zuverlässige Ergebnisse bringen. Aus unserer langjährigen Beratungs- und Trainingspraxis wussten wir, dass bereits Diagnostikwerkzeuge zu anderen Modellen existierten und die Idee umsetzbar war. Die 9 Levels of Value Systems wurden geboren.

Gemeinsam mit unserem wissenschaftlichen Beirat, Professor Thomas Ginter und Professor Thomas Dobbelstein, haben wir dann ein Fragensystem mit Auswertungslogik entwickelt. Die Gütekriterien für die Wissenschaftlichkeit des Systems haben wir 2012 im »Journal of Applied Leadership & Management«[10] veröffentlicht.

Gütekriterien für die Wissenschaftlichkeit der 9 Levels of Value Systems

Objektivität bedeutet, dass das Ergebnis einer Messung in allen Schritten unabhängig von der messenden Person sein soll:

Objektivität:
die Unabhängigkeit
wahren

- *Schritt 1 – Durchführung:* Diese läuft über den standardisierten Prozess bei 9 Levels immer gleich ab, also unabhängig von der durchführenden Person.
- *Schritt 2 – Auswertung:* Die Auswertung wird durch das Tool durchgeführt und läuft immer nach denselben Berechnungen ab; der Report wird durch einen Klick im Tool generiert, d. h. unabhängig von der auswertenden Person.
- *Schritt 3 – Interpretation:* Die schriftliche Analyse im Report bildet die Basis für die Interpretation der Ergebnisse. Diese wird durch die automatische Zusammensetzung von vorgefertigten Textbausteinen generiert, welche auf den Werteausprägungen auf den einzelnen Levels basiert. Durch die intensive Schulung und Begleitung unserer 9 Levels-Trainer sichern wir eine hohe Qualität bei weiterführenden Interpretationen; daher sind diese weitgehend unabhängig von der interpretierenden Person.

Die Validität gibt an, wie gut sich eine Variable zur Beantwortung der eigentlichen Fragestellung eignet. Wie bereits beschrieben, verwendete Professor Graves für die jahrelange Herausarbeitung der Entwicklungsstufen seines biopsychosozialen Modells eine Vielzahl qualitativer und quantitativer Methoden (Inhaltsanalyse, psychometrische Tests, Verhaltensbeobachtung, Tachistoskop usw.). Somit ist die Graves-Theorie in hohem Maße valide. 9 Levels basiert auf der Graves-Theorie. Die Items für den Fragebogen wurden vom 9 Levels Institute for Value Systems aus Kriterien entwickelt, welche den jeweiligen Graves'schen Levels eindeutig zuzuordnen sind.

Validität:
die geeigneten
Items auswählen

Die Entwicklung des Fragebogens erfolgte durch Graves-Experten, die sich seit vielen Jahren mit der Theorie und deren Anwendung im Beratungskontext beschäftigen. Sowohl in Interviews mit Probanden der Ursprungsstichprobe als auch in zahlreichen Coachinggesprächen zeigte sich, dass der 9 Levels-Fragebogen in der Lage ist, die Graves-Levels zu messen. So deckten sich die Beschreibungen der Befragten über ihre Einstellungen und Verhaltensweisen größtenteils mit ihren Ausprägungen auf den prägenden Graves-Levels und sie fanden sich in der Auswertung ihres Profils wieder. Weitere Untersuchungen, wie der Vergleich mit ähnlichen Verfahren zur wertebasierten Erfassung von Persönlichkeit, sind bereits in Planung.

Reliabilität: für Zuverlässigkeit sorgen Reliabilität beschreibt die Zuverlässigkeit beziehungsweise Genauigkeit eines Messverfahrens. Die zur Bestimmung der internen Konsistenz von 9 Levels ermittelten Werte des Koeffizienten Cronbachs Alpha (α) weisen durchgehend zufriedenstellende bis gute Werte auf (siehe Tabelle 1). Somit messen diese mit hoher Genauigkeit die Konstrukte, in diesem Fall die einzelnen Level. ($N = 1043$)

LEVEL	CRONBACHS α
Türkis	0,84
Gelb	0,88
Grün	0,86
Orange	0,86
Blau	0,84
Rot	0,79
Purpur	0,78

Tabelle 1: Die Reliabilität der einzelnen Levels nach Cronbachs Alpha (α)

Im Rahmen eines Studienprojektes wurde die Test-Retest-Validität gemessen. Eine Projektgruppe (N = 19) füllte den Fragebogen mit einem Abstand von zwei Wochen nochmals aus. Dabei ergaben sich keine signifikanten Veränderungen der Ergebnisse. Es besteht Kontinuität.

Fazit: Mit 9 Levels steht Ihnen ein in der Praxis erprobtes Tool mit solider wissenschaftlicher Basis zur Verfügung, mit dem Sie in der Lage sind, Wertesysteme von Personen, Gruppen und Organisationen zu messen.

Beim Grundaufbau des Modells konnten wir uns gut an Graves' Forschung orientieren. Das Modell musste die Pendelbewegung zwischen Ich- und Wir-Bezug darstellen. Das Modell der 9 Levels hat deshalb zwei Seiten. Für die Darstellung dieser zwei Seiten kamen wir schließlich auf eine Wendeltreppe (siehe Abb. 1). In diesem Bild konnten wir einerseits gut die aufsteigende Entwicklung darstellen. Gleichzeitig zeigt es aber auch das Hin und Her zwischen Ich- und Wir-Bezug. Als Unternehmensberater und Trainer wollten wir vor allem ein Modell entwickeln, das im Businessumfeld einsetzbar ist. Daher war es uns wichtig, dass die Analyse sich nicht nur auf Einzelpersonen, sondern auch auf Teams und ganze Firmen anwenden lässt.

Das Modell von Beck und Cowan, das auf der Forschung von Graves basiert, wurde 1996 in Texas, USA, veröffentlicht. Seitdem hat sich vieles verändert. So hat das Internet die Welt revolutioniert und die Kommunikation massiv verändert. Das Welthandelsabkommen wurde unterzeichnet. Damit hat sich auch die Arbeitsweise im Vertrieb und im gesamten Unternehmen radikal weiterentwickelt. Aus diesem Grund war es notwendig, Graves' Modell auf den Prüfstand zu stellen, es an die heutige Zeit anzupassen und auch für den europäischen Markt umzusetzen. Inzwischen ist das 9 Levels-Analysetool in verschiedenen Sprachen verfügbar und mehrere Tausend Menschen haben den Fragebogen genutzt, um sich selbst, ihre Teams und ihre Unternehmen weiterzuentwickeln.

Das 9 Levels-Modell: Ich- und Wir-Bezug

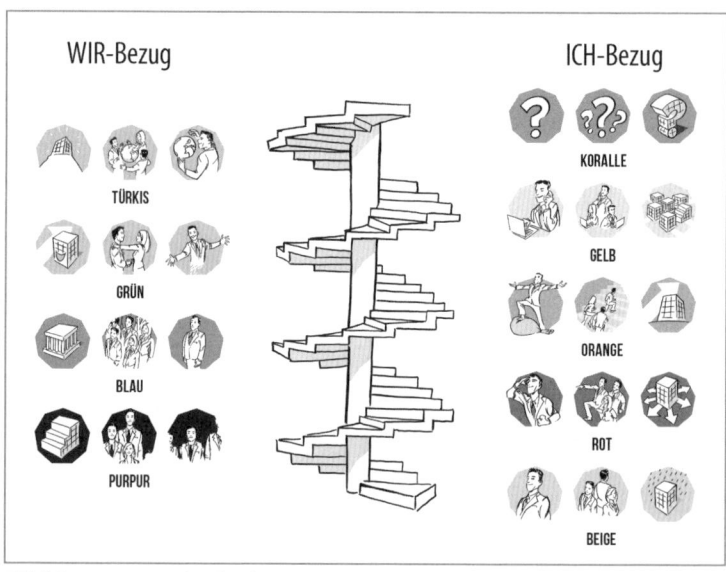

Abbildung 1: 9 Levels of Value Systems

Zuerst ich oder zuerst die anderen? Schon Clare W. Graves hatte als eine seiner ersten Erkenntnisse die Unterscheidung zwischen dem Ich- und dem Wir-Bezug erfasst. Er nannte seine Beobachtung zwar noch anders, meinte aber genau das: Menschen sind in verschiedenen Phasen ihrer Entwicklung entweder eher auf sich selbst oder eher auf andere und danach erst auf sich selbst bezogen. Zwischen den beiden Seiten findet ein Wechsel statt. Im 9 Levels-Modell stellen wir die beiden Ausprägungen als Wechsel zwischen der rechten und der linken Seite der Treppe dar.

Ich und wir im Wechsel: absolut menschlich Befinden Sie sich gerade auf einem Level mit Wir-Bezug, geben Sie der Gruppe oder Organisation den Vorrang vor Ihren eigenen Bedürfnissen. Auf einer Ebene, auf der der Ich-Bezug stärker ist, nehmen Sie selbst die erste Stelle ein. Erst als Zweites kümmern Sie sich darum, was Ihr Umfeld will und braucht. Je nachdem, welche Perspektive Sie gerade einnehmen, mag die jeweils andere Sichtweise Ihnen gerade falsch erscheinen, zu egoistisch oder eben zu selbstlos. Doch der Wechsel zwischen beiden Ausprägungen ist menschlich und auch logisch. Sie haben ihn aller Wahrscheinlichkeit nach schon mehrmals durchlaufen.

Dieser Wechsel zwischen den beiden Bezügen konnte übrigens auch in Gehirnscans gezeigt werden. Je nachdem, welche Ausprägung vorherrschte, wurden andere Gehirnareale und Neurotransmitter aktiv, wenn ein Proband bei Entscheidungen eher sich selbst oder andere in den Vordergrund stellte.[11]

Die 9 Levels kurz und knapp

Die 9 Levels sind nach und nach entstanden. Wenn Sie ihre Ursprünge kennen, kann Ihnen das helfen, die Bedeutung der Levels besser zu verstehen. Im Folgenden stellen wir die Levels einzeln kurz vor, so wie sie im Modell entstehen. Später transferieren wir diese Levels in die Vertriebswelt.

Beige

Der erste Level, Beige, ist vermutlich vor ca. 100 000 Jahren in Erscheinung getreten. Zu dieser Zeit war die Entwicklung des Menschen zum Homo sapiens abgeschlossen. Noch lebten diese einzeln oder in kleinen Horden. Sie organisierten sich nicht, taten sich jedoch schon zusammen, um sich vor Gefahren zu schützen. Überleben, Nahrung und Schutz standen im Mittelpunkt. Für mehr waren unsere Vorfahren damals noch nicht weit genug entwickelt.

Zeitliche Einordnung: back to the roots

Sie selbst kennen diesen Level aus einem sehr kurzen Zeitraum Ihres Lebens – als Sie geboren wurden. Hier sind auch die Grundbedürfnisse der Menschen angesiedelt, die Sie vielleicht aus der Maslow'schen Bedürfnispyramide kennen. Ganz zu Anfang konnten Sie noch nicht sicher sein, ob Sie versorgt und geschützt werden würden. Sie spürten nur Unsicherheit, Hilflosigkeit, Hunger und Durst. Mit der Erfahrung, dass da jemand ist, der für Sie sorgt, konnten Sie Level Beige allerdings schon nach kürzester Zeit hinter sich lassen.

Das Ich in existenziellen Situationen Als erwachsener Mensch erleben Sie den Level Beige heute zum Glück nur noch in Ausnahmefällen. In wirklich existenziellen Situationen können alle anderen Levels, die Sie schon erreicht haben, in den Hintergrund treten und an Bedeutung verlieren. Hoffentlich erfahren Sie das nie. Level Beige werden wir im Verlauf dieses Buchs nicht mehr berücksichtigen. Aus unserer Erfahrung spielt es im beruflichen Umfeld keine Rolle. Wir beginnen in den detaillierten Beschreibungen also mit dem folgenden Level.

Purpur

Der erste Gemeinschaftssinn entsteht Vor rund 50 000 Jahren veränderte sich die menschliche Gesellschaft. Menschen verbanden sich stärker miteinander als zuvor und bildeten Clans. Sie jagten gemeinsam und wurden dadurch erfolgreicher. Sie fingen aber auch an, sich gegen andere Gruppen abzugrenzen und gegen diese zu kämpfen. Der erste Wir-Level war entstanden, auf dem die Gemeinschaft mehr zählte als der Einzelne. Aus dem Wunsch heraus, sich die beängstigenden Naturphänomene zu erklären, entstanden allerlei Geschichten und magische Ideen. Wer über Wissen und Erfahrung verfügte, galt als weise und mächtig und übernahm die Verantwortung für die Sippe. Diese Leitfiguren waren für den Schutz der Gemeinschaft verantwortlich, mussten aber auch ihre Kenntnisse weitergeben, um sie zu bewahren.

Als Sie vom vollkommen abhängigen Säugling zum Kleinkind heranwuchsen, erlebten auch Sie erstmals den Level Purpur. Noch war vieles magisch und unerklärlich. Aber Sie begannen bereits, Ihre Welt zu erobern. Und Sie begannen zu unterscheiden, wer zu Ihrer direkten Familie gehörte und wer nicht. Vielleicht haben Sie eine Zeit lang gefremdelt. Das ist ein typischer Hinweis auf diese Phase.

In der heutigen Zeit gibt es immer noch einige Urvölker, die hauptsächlich auf dem Level Purpur leben. Doch auch in Ihrem Umfeld kann dieser Level noch eine Rolle spielen. Wenn Sie zum Beispiel stark mit Ihrer Heimat verbunden sind oder Sie eine starke Bindung zu Ihrer Familie haben, ist Purpur wahrscheinlich immer noch wichtig für Sie.

Indizien für Purpur: Heimatliebe und Familiensinn

Die wichtigsten Werte auf dem Level Purpur sind:

- Archaisch-magische Sehnsüchte
- Respekt vor Tabus
- Gehorsam
- Tradition
- Magisch-mythisches Bewusstsein
- Bindung
- Rituale
- Brauchtum
- Heimat
- Zugehörigkeit

In inhabergeführten Unternehmen mit starkem Familiensinn sind purpurne Werte meist sehr ausgeprägt. Doch dazu später mehr. Zunächst zum nächsten Level.

Rot

Wenn es eng wird in der purpurnen Welt, dann sind Unerschrockene gefragt, die zu neuen Ufern aufbrechen. Das war wahrscheinlich vor rund 10 000 Jahren der Auslöser für die Entstehung des roten Levels. In den Eiszeiten wurden die Lebensräume knapper. Wer am bekannten Ort ausharrte, verhungerte oder erfror. Um zu überleben, mussten Menschen neue Territorien finden oder erobern. Und dazu brauchte es den Geist von Einzelkämpfern. Die Starken und Mutigen waren erfolgreich und übernahmen die Macht. Erste Herrschaftssysteme entstanden und somit auch gesellschaftliche Unterschiede. Rot ist nach Beige wieder ein Level mit Ich-Bezug.

Unerschrockene Einzelkämpfer gefragt

In Ihrer eigenen Entwicklung haben Sie den roten Level erstmals erlebt, als Sie die Grenzen Ihrer Welt zu erweitern versuchten. In dieser für Eltern durchaus anstrengenden Trotzphase erlebten Sie sich erstmals als Individuum. Sie lernten, zwischen sich und anderen zu unterscheiden. Infolge dieser neuen Sichtweise mussten Sie auch unbedingt testen, wie weit Sie gehen dürfen und können. Ihre Eltern mussten Ihnen in dieser Zeit Grenzen setzen, um Sie zu schützen. Doch auch bei Erwachsenen ist der rote Level manchmal noch sehr präsent. Gerade junge Menschen versuchen, sich ihren Platz im Leben zu erkämpfen. Sie wollen ernst genommen und respektiert werden. Wird ihnen dieser Respekt (noch) nicht entgegengebracht, reagieren sie widerspenstig oder sogar aggressiv.

Die wichtigsten Werte auf dem Level Rot sind:

- Persönlicher Erfolg
- Macht
- Aggression
- Stärke
- Durchsetzungsvermögen
- Gewinnen um jeden Preis
- Ansehen (Respekt, Hochachtung, Angst)
- Dominanz
- Vermeidung von »Schande«
- Sich selbst bewundern

In manchen Branchen wird auch heute noch »rot« gearbeitet. Wenn Mitarbeiter in starke Konkurrenz zueinander gesetzt werden und Ranglisten und erfolgsabhängige Entlohnungssysteme eine große Rolle spielen, dann stehen rote Werte im Vordergrund. Aber das bleibt nicht so.

Blau

Wo viele Menschen zusammenleben, braucht es Regeln. In dem Maße, in dem die menschliche Gesellschaft wuchs, stieg auch die Notwendigkeit, das Zusammenleben zu ordnen. Und so entstand vor ungefähr 5000 Jahren der neue blaue Level. Die Gemeinschaft und das »Wir« standen wieder im Vordergrund. Gesetze und Regeln machten es leichter, Recht von Unrecht zu unterscheiden. Die Erfindung der Schrift und erste Formen der Rechtsprechung sorgten mit dafür, dass das Leben sicherer wurde. Die Menschen konnten sich orientieren und einordnen, was falsch und richtig war. Regelverstöße wurden geahndet oder sogar verhindert.

Regeln für die Gemeinschaft sind gefragt

Sie haben Level Blau wahrscheinlich das erste Mal erlebt, als Sie in den Kindergarten oder die Schule kamen. Auch dort wird das Zusammenleben in der größeren Gruppe durch »Gesetze« geregelt. Gewiss haben Sie wie die meisten anderen gelernt, sich diesen Regeln – zumindest zum Teil – anzupassen. Auch in der erwachsenen Gesellschaft spielt Level Blau noch eine große Rolle. Wahrscheinlich ist es im Moment sogar einer der am stärksten ausgeprägten Levels weltweit.

Spätestens auf diesem Level wird aber auch klar, dass die Entwicklung durch die Wertelevels hindurch nicht bei allen Menschen gleich verläuft. Während viele lernen, sich Regeln zu unterwerfen und diese zu akzeptieren, werden andere auch dann erwachsen, wenn sie auf dem Level Rot bleiben und als ewige Revolutionäre durchs Leben gehen. Zugegeben, dieser Weg ist nicht immer einfach. Aber vermutlich kennen auch Sie Menschen, die den Schritt von Rot zu Blau niemals ganz vollzogen haben. Vielleicht gibt es sogar bei Ihnen selbst mehr oder weniger starke Hinweise darauf?

Nicht alle wollen sich anpassen

Die wichtigsten Werte auf dem Level Blau sind:

- Recht und Gesetz
- Schuld und Unschuld
- Loyalität
- Ordnung
- Einhaltung von Regeln
- Sicherheit
- Einhalten von Hierarchien
- Kontrolle
- Geduld
- Klarheit

Viele Firmen im deutschsprachigen Raum sind stark von Level Blau geprägt. Hierarchien und Regeln müssen berücksichtigt werden; Controllingtools und Reportings erhöhen scheinbar die Sicherheit in der Unternehmensführung. Die hohe Qualität, die Produkten und Leistungen aus dem deutschsprachigen Raum nachgesagt wird, hängt zu einem großen Teil mit diesen gelebten blauen Werten zusammen. Doch manchmal braucht es etwas mehr Kreativität und das bringt uns zum nächsten Level.

Orange

Der Ausbruch aus dem Regelwerk steht an

Eine Gesellschaft, die sich nur an Regeln und Normen orientiert, ist irgendwann zu unbeweglich, um gesund zu überleben. Wenn die Regeln dann mit immer mehr Macht durchgesetzt werden müssen, gibt es bestimmte Menschen, die sich aus dem blauen Käfig befreien und die Welt mit eigenen Augen sehen wollen. Wann der orange Level entstanden ist, ist schwer zu sagen. In Europa könnten die Reformation, der Aufbruch in die Neue Welt und die wachsende wissenschaftliche Neugier Hinweise auf dessen Erscheinen sein. Doch auch in antiken Gesellschaften gab es sicher schon ein Aufflackern von Orange.

Wenn Sie als Kind und Jugendlicher auf dem blauen Level gelernt hatten, Regeln zu befolgen, haben Sie wahrscheinlich in Ihrer Pubertät versucht, die Grenzen dieser Regeln auf orange Weise auszuloten. Sie strebten danach, die Welt zu erobern und sich erfolgreich durchzusetzen, ohne sich durch rote Rebellion gänzlich von ihrem Umfeld auszuschließen. Obwohl Level Orange ebenfalls wieder einer mit Ich-Bezug ist, zeigt er sich doch etwas weniger rücksichtslos als der bereits beschriebene rote Level.

Um Ihnen den Unterschied zu veranschaulichen, hilft ein Beispiel aus dem Straßenverkehr. Ein roter Autofahrer ignoriert die Regeln einfach. Er fährt so schnell, wie er will, auch wenn es eine Geschwindigkeitsbegrenzung von 120 km/h gibt. Der orange Autofahrer dagegen hat bereits auf Level Blau gelernt, Regeln zu beachten. Deshalb entscheidet er sich bewusst, bis zu 19 km/h zu schnell zu fahren. Damit riskiert er zwar eine Strafe, aber nicht den Führerscheinentzug.

Orange – der verfeinerte Ich-Bezug

Auch auf Orange geht es darum, Ziele zu erreichen und sich zu behaupten. Doch die Methoden sind jetzt kreativer und vielfältiger. Statt »Gewinnen um jeden Preis« steht jetzt das Erlangen von Status, Anerkennung und Wohlstand im Mittelpunkt. Vorrangiges Ziel ist nicht mehr, sich gegen andere durchzusetzen, sondern für sich selbst etwas herauszuschlagen. In der Wirtschaft ist Orange im Moment der am stärksten ausgeprägte Level.

Die wichtigsten Werte auf dem Level Orange sind:

- Status, Statussymbole
- Gewinnorientierung
- Wettbewerb
- Wachstum (monetär und wirtschaftlich)
- Karriereorientierung
- Prestige
- Produktivität
- Ergebnisorientierung
- Leistung
- Wohlstand

Viele Vertriebsorganisationen zeigen orange Züge. Die Vertriebsmitarbeiter wollen Kunden gewinnen. Sie entwickeln dabei durchaus einmal kreative Lösungen und machen Vorschläge außerhalb der Norm. Auch Kunden gegenüber beugen sie notfalls die Regeln, um Erfolge zu erzielen. Langfristig kann die Beziehung darunter leiden. Ganz neue Wege werden dagegen auf dem nächsten Level möglich.

Grün

Neue Ziele: Gleichheit, Gleichberechtigung, Fairness

Orange ist zielstrebig und nutzt alle Möglichkeiten. Die industrielle Entwicklung und die damit verbundene Ausbeutung sind und waren typische Merkmale von Orange. Doch was geschieht, wenn diese Entwicklung nicht mehr so weiter gehen kann, weil alle Ressourcen erschöpft sind? Dann tritt ein neuer Level auf den Plan, welcher das gemeinschaftliche Wohl wieder mehr in den Vordergrund rückt. Vermutlich hat die Französische Revolution in Europa einen Anstoß in diese Richtung gegeben. Auch die Sklavenbefreiung in den USA passt in diese Entwicklung. Gleichheit, Gleichberechtigung, Fairness – das sind alles typisch grüne Begriffe und Errungenschaften.

In Ihrer persönlichen Entfaltung gelangen Sie vielleicht auf diesen Level, wenn Sie sich selbst in Orange überfordert haben, müde vom Erfolg sind und sich nach mehr Sinn in Ihrem Leben sehnen. Sich und andere besser zu verstehen und sich in der eigenen Persönlichkeit weiterzuentwickeln, ist jetzt möglicherweise der nächste logische Schritt für Sie.

Gemeinsam Lösungen entwickeln statt Einzelkämpfertum

Auf dem grünen Level geht es aber auch um Einfühlsamkeit und Gemeinschaft. Mit anderen Menschen zu reden und Lösungen gemeinsam zu diskutieren, ist wichtiger, als persönliche Ziele zu erreichen. Da Sie an diesem Punkt die bisherigen Levels bis Orange schon durchlaufen haben, stehen Ihnen die Fähigkeiten, die Sie dort erworben haben, zur Verfügung.

Die wichtigsten Werte auf dem Level Grün sind:

- Gleichwertigkeit
- Partizipation
- Integration (von Menschen)
- Gemeinsamkeit
- Gemeinschaft
- Konsens
- Harmonie
- Fairness
- Toleranz
- Anpassung
- Dialog

In grünen Firmenkulturen wird »geworkshopt« und geredet, was das Zeug hält. Partnerschaftlichkeit und flache Hierarchien sind kennzeichnend für diese Ausprägung. Allerdings gibt es noch nicht viele Firmen, in denen dieser Level federführend ist. Er findet sich eher in Teilbereichen, zum Beispiel in der Personalentwicklung und im Gesundheitsmanagement. Im persönlichen Bereich leben immer mehr Menschen auf diesem Level. Mit Sicherheit kennen Sie jemanden in Ihrem Umfeld, der gerade »auf Sinnsuche« ist. Vielleicht sind Sie es auch selbst?

Den Sinn im eigenen Tun finden – und partnerschaftlich arbeiten

Gelb – der zweite Rang beginnt

Zwischen dem grünen und dem gelben Level liegt ein Quantensprung. Graves spricht in einem ähnlichen Zusammenhang von einem »Abgrund von unvorstellbarer Tiefe«[12], der überquert wird. Dieses Bild passt auch hier. Der Schritt von Grün zu Gelb ist meist eine Folge tiefgreifender Ereignisse oder persönlicher, oft schmerzlicher Entwicklungsprozesse.

Erst im zweiten Rang, also mit dem Eintritt auf den Level Gelb, wird es möglich, die gesamten bisherigen Entwicklungsstufen zu erfassen und zu verstehen. Sobald Sie diesen Level erobern, können Sie nachvollziehen, warum jeder der bisherigen Levels in sei-

Der Überblick über die bisherigen Levels gelingt

nem jeweiligen Kontext sinnvoll und richtig ist. Diese Sichtweise ist bis zum Level Grün nicht möglich. Ganz im Gegenteil. Bis Grün werden Sie versuchen, sich von den anderen Levels abzugrenzen. Von Blau aus betrachtet sieht Rot rüde und machtbesessen aus. Orange dagegen betrachtet Blau als rückständig und festgefahren. Aber auch der Blick nach oben gelingt nur auf eine verurteilende Weise. Von »unten« gesehen wirkt Grün dann vielleicht wie ein »Kaffeekränzchen«, wie eine »Therapiegruppe mit Gurkentee und Räucherstäbchen« oder wie eine »Labertruppe, die nichts erreicht«.

Mit Gelb ändert sich diese Sichtweise auf andere Levels grundlegend. Doch wahrscheinlich wollen Sie erst einmal wissen, wann und wo dieser Level eigentlich entstand: In den 1960er-Jahren veränderte sich die Welt erneut. Mit der Menschenrechtsbewegung in den USA, der Studentenbewegung in Deutschland und der sexuellen Revolution gerieten grundlegende Dinge in Bewegung. Bestehende Systeme wurden hinterfragt. Dass die Gesellschaft sich zu dieser Zeit – wieder einmal – an wichtigen Punkten zu verändern begann, spüren Sie bis heute. Genau zu dieser Zeit merkte auch Clare W. Graves, dass etwas Neues entstand. In seinem oben zitierten Aufsatz erwähnt er den neuen Level erstmals. Auch heute haben noch nicht viele Menschen Level Gelb erreicht, aber das ändert sich zunehmend.

Unsicherheiten und Ängste verschwinden

Und woran können Sie merken, dass Sie auf dem gelben Level angekommen sind? Sie realisieren plötzlich, dass Ihnen die grüne Kultur des intensiven Austauschs und Miteinanders zu eng geworden ist, nachdem Sie sich dort eine Zeit lang gut aufgehoben gefühlt haben. Sie erkennen, dass Grün, neben allen anderen bisherigen Levels, zur richtigen Zeit und in der richtigen Situation passend ist, dass Sie aber mehr Freiraum brauchen. Sie sind in der Lage, die Ängste zu durchschauen und einzuordnen, die mit den bisherigen Levels verbunden waren. Sie können Ihre Befürchtungen aber auch hinter sich lassen. Und wahrscheinlich sind Sie insgesamt nicht mehr unsicher, weil Sie gelernt haben, dass Ängste zwar auftauchen, aber auch immer zu überwinden sind. »Multiperspektivität«, also der offene Blick auf alle anderen

Levels, ist eine Fähigkeit, die auf dem gelben Level erstmals möglich wird.

Die wichtigsten Werte auf dem Level Gelb sind:

- Inspiration
- Eigenverantwortung
- Lebenslanges Lernen
- Persönliche Entwicklung
- Integration (von Wissen)
- Freiheit
- Lebendiges (geistiges) Wachstum (Wissen)
- Wertschätzung von Einzigartigkeit
- Individualität
- Autonomie

Perfekte Beispiele für gelbe Unternehmen sind im Internet zu finden. Facebook, Google und YouTube waren in ihren Ursprüngen typisch gelb. Sie funktionierten allerdings nur so lange auf diesem Level, wie ihre Erfinder in kleinen Teams zusammenarbeiteten. Je größer Teams werden, desto wichtiger ist die Auswahl der Teammitglieder, wenn das Team weiterhin gelb funktionieren soll. Denn typisch gelb zu arbeiten bedeutet meist, eine Idee mit den richtigen Leuten aus verschiedenen Levels auf die Beine zu stellen und dann die Energie wieder in etwas Neues zu stecken.

Ideal für kleine Unternehmen und kleine Teams

Viele Firmen, die auf Gelb gestartet sind, werden deshalb später oft in blaue Strukturen eingesperrt, orangem Gewinnstreben unterworfen oder grün zu Tode diskutiert. Vielleicht hilft ja der nächste Level, das zu verhindern.

Türkis

Es gibt immer noch sehr wenige Menschen, die auf Level Türkis angekommen sind. Begonnen hat dessen Entwicklung vermutlich in den 1970er- und 1980er-Jahren mit dem Aufkommen der Umweltschutz- und Friedensbewegung, aber auch mit der verstärkten Suche nach neuen Formen der Spiritualität. Was damals noch von vielen abschätzig als »esoterischer Kram« abgetan wurde, erscheint heute immer mehr Menschen als eine gute Möglichkeit, das eigene Leben in die Hand zu nehmen und zu gestalten.

Über das rein Rationale hinausdenken – den Sinn suchen

Wenn Sie erste türkise Anteile in sich wahrnehmen, haben Sie sich vielleicht schon einmal mit Ideen auseinandergesetzt, die über rationale Überzeugungen hinausgehen. Sie haben erfahren, dass es mehr zwischen Himmel und Erde gibt, als die klassische Wissenschaft erklären kann. Und vielleicht spüren Sie schon die Zusammenhänge und gemeinsamen Energien, wie sie in der Quanten- oder Stringtheorie erklärt werden. Wenn das so ist, können Sie sich sicher nicht mehr der Gesamtverantwortung entziehen, in die Sie somit zwangsläufig eingebunden sind. Sie glauben an Schwarmintelligenz und sind sich bewusst, wie sich alles, was Sie tun und denken, aufeinander auswirkt.

Türkis ist der Level von Umweltschutz, Gemeinschaftssinn und globaler Verantwortung. Der Einzelne muss hinter dem Allgemeinwohl zurückstehen. Menschen, die komplett auf dem türkisen Level angekommen sind, widmen ihr Leben höheren Aufgaben.

Die wichtigsten Werte auf dem Level Türkis sind:

- Kollektive Intuition
- Handeln zum Wohl der Menschheit
- Verbesserung der Lebensbedingungen für alle Lebensformen
- Spirituelles Bewusstsein
- Netzwerkintelligenz
- Nachhaltigkeit
- Globale Aussöhnung
- Systemisches Handeln
- Holon (Ganzes als Teil eines anderen Ganzen)
- Verantwortung für die Zukunft des Lebens

Firmen oder Organisationen, die türkis arbeiten und handeln, sind noch sehr selten. Große und offensichtliche Engagements gibt es jedoch noch nicht. Wie beim Level Gelb kann eine türkise Idee schnell wieder von anderen Levels überrollt werden. Non-Profit-Organisationen beispielsweise, die sich im Umweltschutz oder für Menschenrechte engagieren, werden oft vereinnahmt. Blaues Regelwerk oder rote Machtgelüste können der ursprünglich uneigennützigen und guten Idee im Weg stehen. Es wird jedoch sicherlich mittel- bis langfristig mehr türkise Unternehmen geben. In dem Maße, wie die Levels sich entwickeln, wird auch der Weg für wirkliche Nachhaltigkeit und Sinnhaftigkeit in der Wirtschaft geebnet.

Der Trend der Zukunft

Der letzte Level ist noch Zukunftsmusik, doch es gibt schon Ideen, wie er aussehen könnte.

Koralle

Auch diesem Level werden wir uns im weiteren Verlauf des Buchs nicht weiter widmen, da er noch zu neu ist und im Businessumfeld bisher noch keine Relevanz hat. Zu wenige Menschen haben sich bisher so weit entwickelt, dass wir schon genau sagen könnten, welche Werte auf diesem Level eine vorrangige Rolle spielen werden.

Es gibt aber schon erste Anzeichen und Vermutungen: Der Mensch auf dem Level Koralle ist ichbezogen und lebt mit dem Wissen, dass es keine Grenzen gibt, die nicht durch menschliches Tun und Sein erzeugt werden. Er ist erfüllt von Liebe und Respekt für alle lebenden Wesen und wird durch sein Charisma die Menschen motivieren, neue Wege zu gehen und Grenzen zu überschreiten. Es wird sicher spannend sein, zu erleben, wohin sich die Wertetreppe in Zukunft weiterbewegt. Vielleicht können wir in 20 Jahren eine Fortsetzung dieses Buchs schreiben, in der Sie dann alles über den Level Koralle erfahren können.

Der Typ »Koralle« wird ein Charismatiker und Motivator sein

Blickwinkel Individuum, Gruppe, Organisation – Beispiele für Auswertungen

In den Abschnitten, in denen wir Ihnen die verschiedenen Farben vorgestellt haben, sind Sie jeweils auf Beispiele zu Firmen und Abteilungen gestoßen. Vielleicht hat sich Ihnen dabei schon die folgende Frage aufgedrängt: Wie lassen sich Individuum, Abteilung und Gesamtunternehmen in ihren unterschiedlichen Ausprägungen auf den verschiedenen Ebenen einordnen und unter einen Hut bringen?

Wertemischung im Unternehmen: Chance oder Risiko? So kann zum Beispiel ein Mitarbeiter mit stark roten Werten in einer orangen Vertriebsorganisation arbeiten. Und diese ist eventuell Teil eines blauen Unternehmens. Solche Konstellationen sind durchaus möglich. Sie können sich aber sicher auch vorstellen, dass sich daraus einiger Zündstoff ergibt. Generell können alle Beteiligten lernen, mit diesen Unterschieden umzugehen. Das Wissen um die verschiedenen Wertelevels kann dabei helfen. Manchmal wird allerdings auch klar, dass die kunterbunte Mischung nicht harmoniert. Vielleicht lernt der rote Mitarbeiter dann, blaue Regeln zu befolgen, oder er sucht sich ein Team, in das er besser passt.

Um in Unternehmen mit 9 Levels of Value Systems zu arbeiten, brauchen wir also verschiedene Perspektiven, von denen wir auf die Organisation schauen: die des Individuums, die der Gruppe und die der Gesamtorganisation. Deshalb stehen auch verschiedene Auswertungen zur Verfügung. Anhand einiger Beispiele zeigen wir Ihnen, wie solche Auswertungen aussehen und welche Aussagekraft sie haben.

Individuelle Profile: Personal Value System

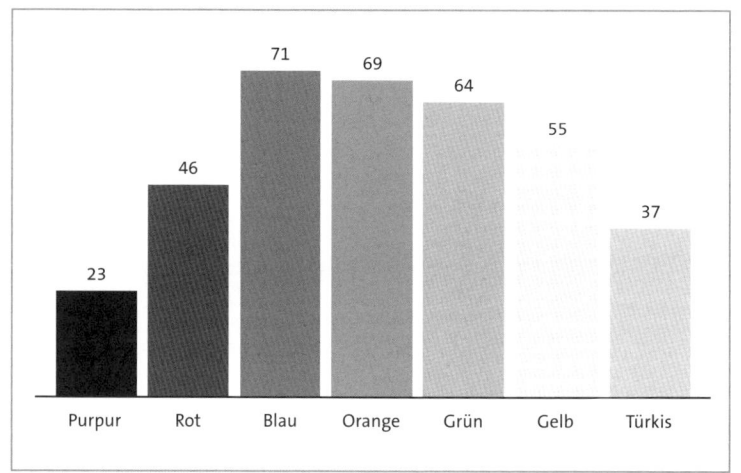

Willi Wackler –
Außendienstler

Abbildung 2: Beispielprofil Willi Wackler

Willi Wackler arbeitet im Außendienst eines Healthcare-Unternehmens, das Geräte für Labordiagnostik und die dazugehörigen Verbrauchsmaterialien verkauft. Als ausgebildeter Laborant kann er seine Ansprechpartner in Kliniken kompetent beraten und betreuen. Die Diagnoseverfahren, die mit seinen Geräten durchgeführt werden, kennt er aus dem Effeff. Am liebsten steht er mit seinen Kunden im Labor und unterstützt sie bei ihrer Arbeit.

Seine großen Stärken sind Präzision und Zuverlässigkeit. Und genau für diese Stärken steht auch sein Unternehmen, das sich dadurch einen exzellenten Ruf in der Branche erarbeitet hat. Als Qualitätsführer in diesem Bereich konnte die Firma bisher gute Gewinnmargen erzielen, da die Kunden gerne bereit waren, für die technisch hochwertigen Geräte Geld auszugeben. Solange alles so bleibt, ist Willis Welt in Ordnung.

Das Profil von Willi Wackler (siehe Abb. 2) weist eine typische **Ein Blauer mit** Glockenform auf, die sich in vielen Profilen zeigt. Wackler hat **Glockenprofil** seine stärkste Ausprägung auf dem Level Blau. Die vorherigen Levels schwächen sich langsam ab. Je weiter er sich entwickelt hat, desto weniger spielen Purpur und Rot noch eine Rolle. Die künftigen Levels entwickeln sich schon zusehends. Orange ist schon fast auf der gleichen Höhe wie Blau. Wenn äußere Umstände eintreten, die Veränderungen notwendig machen, wird Willi den Schritt auf diesen nächsten Level ohne große Probleme gehen.

Die weiteren Levels zeichnen sich schon ab. Je weiter sie noch vor ihm liegen, desto schwächer sind sie allerdings. Wenn Wackler in eine grüne Diskussionsrunde hineingerät, sind ihm die Regeln, die hier herrschen, zwar schon klar, aber er wird wahrscheinlich noch irritiert darüber sein, dass alle ihre Meinung einbringen und nicht einfach ein Vorgesetzter entscheidet, was zu tun ist.

**Susanne Statusi –
Businesscoach**

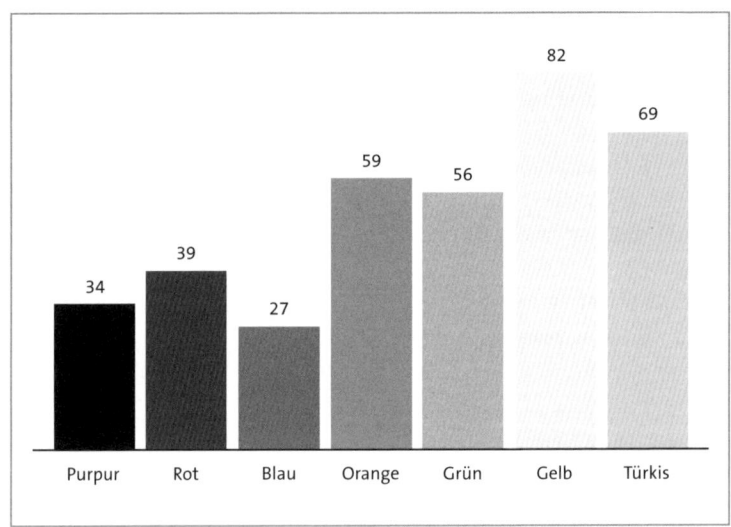

Abbildung 3: Beispielprofil Susanne Statusi

Susanne Statusi ist Unternehmensberaterin und Businesscoach. Sie steht Top-Führungskräften als Sparringspartnerin zur Verfügung. Diese nehmen Susannes Dienste in Anspruch, wenn sie einen kritischen Blick von außen und eine ehrliche Rückmeldung zu ihren Ideen und Plänen brauchen. Statusis Kunden schätzen dabei vor allem ihre unverblümte Art. Als Coach traut sie sich, etwas zu geben, das die Führungskräfte in ihren eigenen Unternehmen oft nicht mehr bekommen: ehrliches Feedback. Dabei hilft ihr, dass sie keine Scheu hat, sich auch mal unbeliebt zu machen. Allerdings passiert das in der Realität selten, weil sie über viele Jahre hinweg gelernt hat, wie weit sie wirklich gehen kann. Viel Erfahrung und Menschenkenntnis helfen ihr dabei. Außerdem gibt sie ihre Kommentare immer aus einem Gefühl großer Wertschätzung und Toleranz, da sie überzeugt ist, dass es viele Arten gibt, die Welt zu sehen, und alle ihre Berechtigung haben.

Susanne Statusis Auswertung zeigt ein typisches Kammprofil. Ihr stärkster Level ist eindeutig Gelb. Die zurückliegenden Levels sind jedoch nicht in gleichmäßigen Abstufungen zurückgegangen. Im roten Level zeigt sich beispielsweise ein rebellischer Anteil, der immer mal wieder in ihrer Persönlichkeit aufblitzt. Fühlt Statusi sich übergangen oder schlecht behandelt, kann es durchaus eine kurze emotionale Explosion geben. Und die orange Denkweise, auch mal unkonventionell oder durch Umgehung von Regeln ans Ziel zu kommen, hat sie sich ebenfalls erhalten.

Eine Gelbe mit Kammprofil

Solche Kammprofile tauchen immer dann auf, wenn bestimmte Werte eine überdurchschnittliche Rolle spielen. Sie bleiben dann ein wichtiger Bestandteil des eigenen Wertesystems, obwohl der Hauptanteil bereits auf einer viel höheren Stufe liegt.

Gruppenprofil: Group Value System

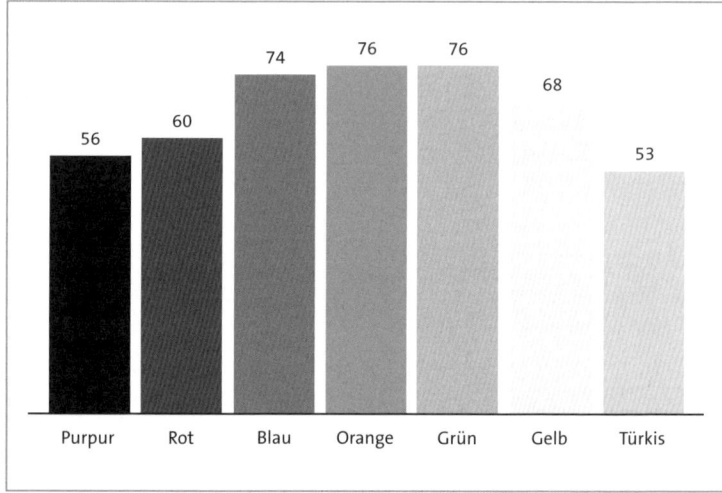

Abbildung 4: Beispielprofil Group – Teamleiter Kundenservice Beigru AG –
Januar 2013

Die fünf Teamleiter, die gemeinsam den Kundenservice der Beigru AG leiten, sollten eigentlich gut miteinander auskommen. In ihrer täglichen Arbeit sind sie ständig gezwungen, sich abzustimmen, gemeinsame Entscheidungen zu treffen und ihre 76 Mitarbeiter in einem einheitlichen Geist zu führen. Doch als das Team im Januar 2013 um externe Unterstützung bat, sah die Situation ganz anders aus: Der Markt war zu dem Zeitpunkt angespannt, die Zahlen rückläufig, und die Teamleiter gaben einander die Schuld für die schlechte Situation. Die fünf Führungskräfte waren kaum noch in der Lage, miteinander zu reden, ohne sich gegenseitig Vorwürfe zu machen.

Zu viele Wertesysteme? Wie gutes Coaching damit umgeht

Die Gruppenauswertung (siehe Abb. 4) zeigte, dass drei verschiedene Levels fast gleich stark vertreten waren. Der Blick auf das Team war also sehr unterschiedlich. Zu viele Wertesysteme kollidierten miteinander. Als wir die Unterstützung des Teams übernahmen, verfolgten wir vor allem ein Ziel: Wir wollten eine offene Gesprächsatmosphäre schaffen, die es dem Team erlaubt, auf

Augenhöhe zu diskutieren und Lösungen zu entwickeln. Der grüne Level musste also gestärkt werden.

Während eines eineinhalbjährigen Prozesses begleiteten wir das Team mit Coachings und Workshops. In Einzelcoachings arbeiteten die Teamleiter anhand ihrer persönlichen Auswertung daran, ihren Anteil am Gruppenprozess besser zu verstehen und sich konstruktiver einzubringen. In Workshops musste das Team zunächst lernen, offen und ehrlich miteinander zu reden. Im nächsten Schritt beschäftigten sich die Teamleiter damit, wie sie die Prozesse und Aufgaben des Kundenservice gemeinsam optimieren und Arbeitsworkshops eigenständig gestalten könnten. Parallel wurden sie sich ihrer Werte als Team bewusst. Sie nutzten diese Werte immer mehr in ihrer Führungsarbeit und gaben den Mitarbeitern damit eine bessere Orientierung als bisher.

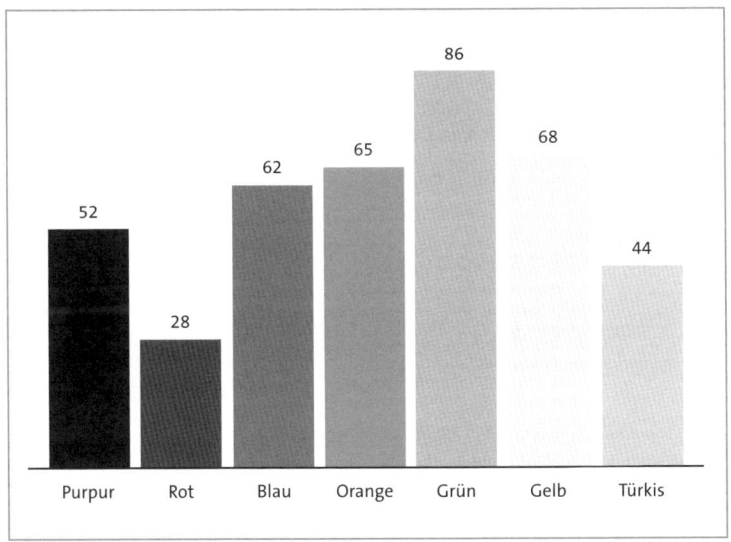

Abbildung 5: Beispielprofil Group – Teamleiter Kundenservice Beigru AG – Mai 2014

Diese Veränderungen zeigten sich nach 17 Monaten, im Mai 2014, nicht nur in Form besserer Arbeitsergebnisse. Auch das Gruppenprofil des Führungsteams hatte sich verändert (siehe Abb. 5). Die

Coachingergebnis: Das Team ist auf Augenhöhe

deutliche Ausprägung des grünen Levels zeigt, dass das Team gelernt hat, gemeinsam und auf Augenhöhe miteinander zu arbeiten und zu kommunizieren. An diesem Beispiel ist gut zu sehen, dass auch Organisationsform und -kultur zueinander passen müssen. Wer miteinander reden muss, um Entscheidungen zu treffen, sollte das auch wollen und wissen, wie es geht.

Organisationsprofil: Organisation Value System

Zack und
Weg GmbH –
ein Finanzdienst-
leister im Umbruch

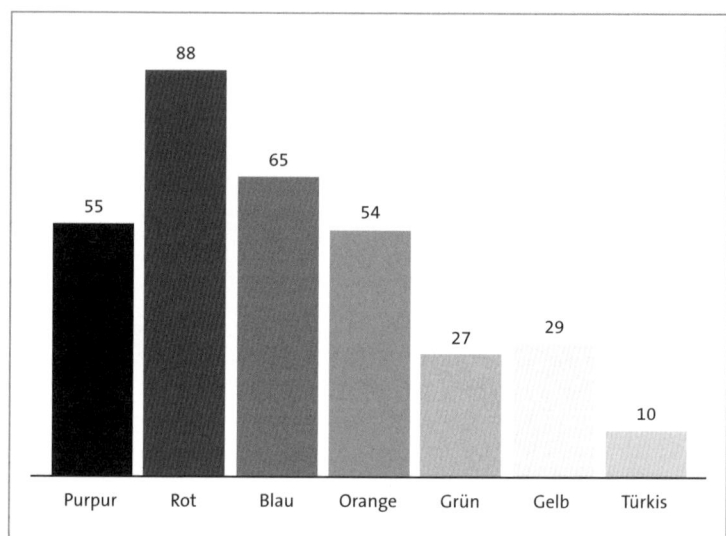

Abbildung 6: Beispielprofil Organisation – Zack und Weg GmbH

Bei der Zack und Weg GmbH herrscht Chaos. Der mittelständische Finanzdienstleistungsvertrieb ist in einer Umbruchphase, die mittlerweile gefährliche Auswirkungen zeigt. Bis vor zwei Jahren lief noch alles in geordneten Bahnen. Der Seniorchef Max Zack führte die Geschäfte mit klaren Ansagen und Regeln. Bei seinen Mitarbeitern galt er als hart, aber gerecht. Man wusste immer, woran man war, und im Zweifel fragte man den »Boss« und der sagte, was zu tun ist. Vor zwei Jahren zog Max Zack sich aus dem Geschäft zurück und übergab die Firma an seinen Sohn Fabian. Dieser arbeitete zwar schon seit Jahren im Unternehmen, war dort aber nie aus der Position des »Juniors« herausgekommen.

In den vergangenen zwei Jahren ist die Firma in eine Schieflage geraten. Die Verkaufszahlen sind dramatisch zurückgegangen – und das, obwohl jeder Mitarbeiter sich beim Verkauf alle erdenkliche Mühe gibt, um genügend Provision zum Überleben zu verdienen. Der Juniorchef hat es in diesen zwei Jahren noch nicht geschafft, Strukturen und Prozesse zu entwickeln, an denen der Vertrieb sich orientieren kann. Werkzeuge zur Umsatzplanung und -steuerung gibt es ebenfalls nicht. Fabian Zack fehlen aber auch die Entscheidungsstärke und die Erfahrung, die es seinem Vater erlaubten, die Firma ohne solche Hilfsmittel auf Erfolgskurs zu halten.

Das Organisationsprofil dieses Unternehmens (siehe Abb. 6) zeigt eine typische Ausprägung, die auftritt, wenn die purpurne Ära einer Organisation beendet ist. Automatisch rutscht die Gruppe auf den nächsten Level, Rot, da der Orientierungspunkt, in diesem Fall der Chef, wegfällt. Theoretisch wäre es auch möglich, das Team auf dem Level Rot zu belassen, wenn eine rote Führungskultur vorhanden wäre. Für die Zack und Weg GmbH ist es aber einfacher, die Entwicklung zum nächsten Level, Blau, anzustoßen. Dazu muss der neue Chef Fabian Zack vor allem lernen, durch Strukturen zu steuern. Er muss Leitlinien und Regeln entwickeln, an denen sein Team sich in Zukunft orientieren kann. Durch Controllinginstrumente bekommt er einen Überblick über seine Zahlen. Daraus kann er dann einen Vertriebsprozess ableiten. Dieser erlaubt ihm, genau einzuschätzen, was und wie viel die Mitarbeiter tun müssen, um die nötigen Umsätze und Gewinne zu erwirtschaften.

Das Ziel: eine blaue Struktur installieren

Die vierte Perspektive: Markt

Nun fehlt noch ein Blickwinkel, damit Sie im Vertrieb mit dem Wertesystem arbeiten können: der Blick auf den Markt. Natürlich können Sie Ihre Kunden nicht bitten, Fragebögen auszufüllen. Aber die intensive Beschäftigung mit den Levels in den folgenden Kapiteln wird Ihnen helfen, auch von außen eine stimmige Einschätzung zu treffen.

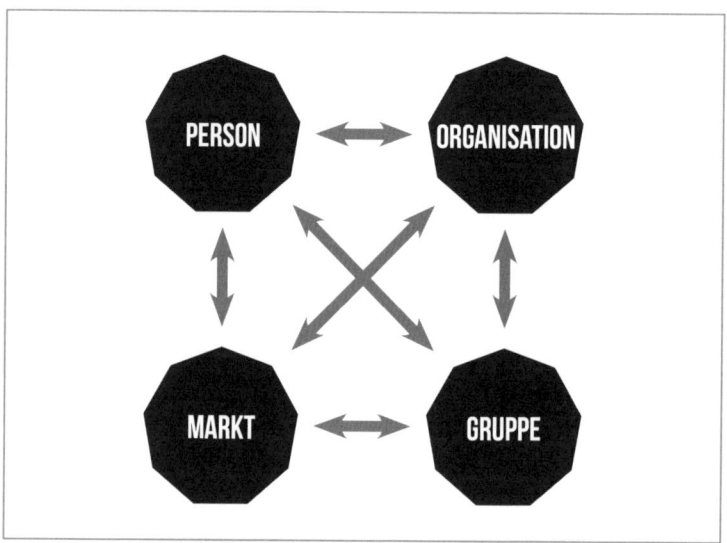

Abbildung 7: Vier Perspektiven im Spannungsfeld und Wechselspiel

Ein fragiles Gefüge, das leicht aus dem Gleichgewicht gerät

Häufig bewegen sich Lieferanten und Kunden eine gewisse Zeit lang auf zueinander passenden Levels. Das System hat sich eingependelt und solange sich nichts Gravierendes ändert, besteht auch kein akuter Handlungsbedarf. Doch da sich alle vier Perspektiven – Person, Gruppe, Organisation und Markt – gegenseitig beeinflussen und voneinander abhängen, muss sich nur einer der Aspekte verändern, damit das gesamte Gefüge in Bewegung gerät.

Ein Anbieter von Melkmaschinen setzt beispielsweise lange Zeit auf ein purpurnes Vertriebsmodell. Der Außendienst stammt aus der Region und kennt seine Kunden, die Landwirte, seit vielen Jahren. Geschäfte werden schon mal abends am Kneipentisch gemacht und Probleme hemdsärmelig und unkompliziert gelöst. Eine wichtige Größe mit viel Einfluss im Kaufprozess ist die Ehefrau des Bauern, die eine Neuanschaffung akzeptieren oder genauso gut im Keim ersticken kann. Das Ganze ist ein äußerst stabiles System mit passenden Geschäftspartnern, das so lange funktioniert, bis neue Mitspieler auftauchen. Die Söhne und Töchter der bisherigen Hofbesitzer haben meist eine ganz andere Ausbildung als ihre Eltern. Statt auf die Bauernschule sind sie auf die Universität gegangen und statt Bauernschläue besitzen sie betriebswirtschaftliches Know-how. Damit ist ein Vertriebssystem, das über Jahrzehnte perfekt auf den Markt abgestimmt war, plötzlich überholt und unpassend geworden.

Der Blick auf die vier Perspektiven lohnt sich immer wieder, und das nicht nur, um Veränderungen besser zu verstehen, die bereits eingetreten sind. Wenn Sie wissen, wie Entwicklungsprozesse üblicherweise verlaufen, also welche Levels aufeinander folgen, können Sie auch vorausschauend agieren. Sie können Warnzeichen wahrnehmen und damit die Ersten sein, die auf eine Marktveränderung vorbereitet sind.

Alle Perspektiven sind wichtig

9 Levels als Vertriebslandkarte

Häufig realisieren Führungskräfte erst, dass sie etwas verändern müssen, wenn das Gleichgewicht zwischen ihnen und ihren Kunden bereits gestört ist. Stellen Sie sich beispielsweise vor, Sie führen den Verkauf eines mittelständischen Maschinenbauunternehmens. Sie und Ihr Team agieren in einem blauen, technologiegetriebenen Markt. In Ihrer Abteilung arbeiten Techniker und Ingenieure, die mit ihren Ansprechpartnern, meist Produktionsleitern, fachlich auf Augenhöhe diskutieren können.

Doch durch Unternehmensaufkäufe hat sich Ihr Kundenmarkt in den letzten Jahren stark verändert. Viele der ehemaligen Mittelständler gehören nun zu großen Konzernen. Gute Quartalsergeb-

Wenn der Markt plötzlich die Farbe wechselt

nisse und höhere Margen sind gefragt. Die neu strukturierten Kundenfirmen versuchen, diese Margensteigerungen durch Kosteneinsparungen zu erreichen. Sie setzen Einkaufsabteilungen ein, um den Druck auf die Lieferanten zu erhöhen. Der Markt ist orange geworden.

Als Verkaufsleiter müssen Sie dringend reagieren, wenn Sie nicht den Anschluss verlieren wollen. Da Sie wahrscheinlich selbst stark blau denken, ist es zunächst notwendig, dass Sie sich weiterentwickeln. Sie müssen lernen, orange zu agieren, um mit Ihren Kunden mithalten zu können. Sie können zum Beispiel Verhandlungsseminare besuchen, um Ihren Kunden – Profieinkäufern – besser Paroli bieten zu können. Diese denken schließlich in Zahlen und Ergebnissen und lassen sich durch technische Argumente kaum überzeugen. Wahrscheinlich ist es auch sinnvoll, dass Sie sich mit Provisionsmodellen beschäftigen, um das zukünftig gewünschte Verhalten Ihrer Verkäufer zielgenau zu belohnen.

Weg von der Fehlerkultur – Fokussierung auf Erfolge

Außerdem ist es wichtig, herauszufinden, was Sie und Ihren Vertrieb im Moment noch auf dem blauen Wertelevel hält. Untersuchen Sie zum Beispiel offizielle und inoffizielle Regeln im Vertrieb. Gibt es jedes Mal einen Rüffel, wenn ein Angebot falsch formatiert wurde oder wenn eine Reisekostenabrechnung nicht korrekt war? Solche Fokussierung auf Fehler aller Art ist typisch Blau. In einer orangen Vertriebskultur müssen Sie in Zukunft eher darauf achten, dass Sie Erfolge feiern und Mitarbeiter entsprechend belohnen. Ihr Team muss lernen, kreative Lösungen zu entwickeln und auch Risiken einzugehen. Dabei werden Pannen passieren und diese müssen erlaubt sein.

Überlegen Sie auch, welche Fähigkeiten in der Vergangenheit großgeschrieben wurden. Sicher konnten sich Ihre Mitarbeiter bisher hauptsächlich auf ihre Fachkompetenz verlassen. Im Umgang mit den neuen Ansprechpartnern im Einkauf ist aber in Zukunft anderes Know-how gefragt. Der Blick auf Ihre Datenbank wird Ihnen vielleicht auch zeigen, dass Sie bisher nur Daten der Kundenmaschinen verwalten. Informationen über die Ansprechpartner, Gesprächshistorie und Potenziale sind aber noch nicht darstellbar.

Wenn Sie die Veränderungsprozesse in die Wege leiten, werden voraussichtlich nicht alle Mitarbeiter mitziehen wollen oder können. Einzelne werden gehen und sich einen neuen Arbeitgeber mit blauen Strukturen suchen, um sich wieder wohlzufühlen. Von anderen werden Sie sich vielleicht trennen müssen, weil sie die notwendigen Entwicklungen nicht mittragen. Leider sind auch solche personellen Anpassungen notwendig. Sie werden häufig viel zu lange aufgeschoben.

Was Veränderungen bewirken können

Veränderungen bieten aber auch Raum für Neues. Bei der Einstellung von Mitarbeitern kann Ihnen der Blick auf die Werte des Bewerbers wertvolle Anhaltspunkte geben, ob dieser in Ihr neues Team passt. So können Sie mit einem erfahrenen Vertriebler, der bereits orange tickt, frischen Wind in Ihre Mannschaft bringen. Der Neue wird dann nicht nur Vorbild darin sein, neue Sicht- und Vorgehensweisen zu entwickeln. Er wird auch zielsicherer bemerken, wo Sie noch in alten blauen Strukturen verhaftet sind.

Dies sind nur einige Beispiele für Situationen, in denen Ihnen das 9 Levels-Modell als »Vertriebslandkarte« Orientierung geben kann. Es hilft Ihnen auch, die Zusammenarbeit zwischen verschiedenen Bereichen, beispielsweise dem Innen- und Außendienst, zu verbessern. Vielleicht wollen Sie auch in neue Kundengruppen vorstoßen und es von vornherein richtig machen. Oder Sie übernehmen ein neues Team, das Sie so von Anfang an passender führen können. Ab Kapitel 5 erklären wir Ihnen die Levels aus den verschiedensten Blickwinkeln.

KAPITEL 4

Die Phasen des Verkaufsprozesses

Der Smart-Selling-Verkaufsprozess im Überblick

Verkaufen mit zielorientierter Leichtigkeit

Da Smart Selling[13] neben den 9 Levels die Basis für die weiteren Kapitel bildet, bekommen Sie hier einen Überblick über das Konzept. Smart Selling bedeutet: Verkaufen mit zielorientierter Leichtigkeit. Es ist doch überhaupt nicht einzusehen, warum Verkaufen schwierig sein soll, wenn es auch anders, sprich leichter geht. Wir sind der festen Überzeugung: Verkaufen ist einfach. Zwei Menschen prüfen, ob sie zusammen sinnvoll Geschäfte machen können. Punkt.

Das bedeutet in der Konsequenz: Suchen Sie nach Kunden, die Ihre Leistungen wirklich brauchen und davon profitieren. Dann brauchen Sie Ihre Zeit nicht mit denjenigen zu verschwenden, die gerade nicht wollen. Finden Sie stattdessen heraus, was Sie tun müssen, damit die wirklich interessierten Kunden sich in Ihrem Angebot wiederfinden. Klingt doch logisch, oder?

Aber nun eins nach dem anderen:

1. Kundenauswahl

Die geeignete Auswahlmethode finden

Erst einmal ist es wichtig, schon vor der Erstansprache die richtigen Kunden zu identifizieren. Wenn Ihre potenzielle Kundengruppe sehr groß ist, ist es sinnvoll, ein oder mehrere Kundenprofile zu erstellen, um die Auswahl einzuschränken. Orientieren Sie sich einfach an Ihren bestehenden Kunden und versuchen Sie Gemeinsamkeiten zu finden. Welche Kunden passen besonders gut zu Ihnen und kaufen regelmäßig? Die Gemeinsamkeiten können zum Beispiel in der Branche oder Größe, in den Produkten oder Zielgruppen und natürlich in der Wertestruktur liegen.

Wenn wir ein Seminar zu diesem Thema durchführen, entwickeln wir gemeinsam mit dem betreffenden Vertriebsteam eine Matrix, in der die relevanten Kriterien zur Bewertung der Zielkunden festgehalten werden. Mithilfe dieser Matrix können dann potenzielle Kunden eingeschätzt und so von vornherein die Interessanteren identifiziert werden.

Wenn Ihre Kundengruppe eher klein ist, können Sie ruhig jeden Einzelnen kontaktieren und auf sein Potenzial abklopfen. Ihre Einschätzung bezieht sich auf Umsatzpotenzial, Kaufbereitschaft und Zeithorizont. Bevorzugt werden dann die Kunden, die in einem überschaubaren Zeitraum und für Sie attraktiven Umfang kaufen wollen und darüber hinaus bereit sind, Ihr Angebot zu prüfen. Mit den anderen halten Sie Kontakt und kümmern sich erst dann verstärkt um sie, wenn es ernst wird. Unserer Meinung nach müssen Sie es nicht komplizierter machen.

2. Terminvereinbarung

Telefonate zur Terminvereinbarung dienen zwei Zielen: Erstens geht es natürlich darum, mit interessanten Kunden ins Gespräch zu kommen. Zweitens können Sie oder Ihre Verkäufer schon bei dieser Gelegenheit checken, ob ein Besuch überhaupt lohnt. Ein paar gezielte Fragen zeigen, ob der Kunde jetzt oder in Zukunft genügend Erfolg verspricht, um eine gewisse Zeit in ihn zu investieren. Zeigt der Kunde Interesse und hat Potenzial, schlagen Sie einen Termin vor. Sonst bieten Sie an, den Kunden ab und zu anzurufen, um den Kontakt zu halten. Wenn Sie sich für ein persönliches Gespräch entscheiden und auch einen Termin bekommen, können Sie das Gespräch zusätzlich nutzen, um sich auf

Ziele: Kontaktaufnahme und Potenzial testen

diesen Termin gut vorzubereiten. Fragen Sie nach Themen, Produkten und Leistungen, die den Kunden besonders interessieren, damit Sie entsprechende Informationen bereitstellen können.

3. Zielsetzung

A, B oder C? Das ist einer der wichtigsten Punkte des Smart-Selling-Konzepts. Vor jedem Gespräch ist es sinnvoll, sich drei Ziele zu überlegen:

- Ziel A können Sie in einer optimalen Situation erreichen, wenn alles perfekt läuft.
- Ziel B ist immer noch ein sehr gutes Ergebnis und dient als zweitbeste Option, wenn A nicht erreichbar ist.
- Ziel C müssen Sie immer mindestens erreichen, damit Sie sagen können: »Ich bin einen Schritt weiter als zuvor.«

Für ein Neukundengespräch kann das zum Beispiel bedeuten:

- Ziel A: aktuellen Bedarf finden, Interesse des Kunden wecken und ein Angebot platzieren
- Ziel B: mittelfristige Investitionen identifizieren und besprechen, wie Sie mitbieten können
- Ziel C: Informationen über den Kunden, sein Investitionsverhalten und seine Denkweise bekommen, um für kommende Gespräche besser aufgestellt zu sein und eine Kontaktstrategie planen zu können

Ziel A beinhaltet auch die Ziele B und C. Ziel B beinhaltet auch Ziel C.

Wie Sie auf jeden Fall mit einem Ergebnis aus dem Gespräch gehen Sobald Sie diese Ziele definiert haben, entwickeln Sie die Fragen, die Sie stellen müssen, um die Ziele auf ihre Erreichbarkeit zu prüfen. Wenn Sie diese beiden Vorbereitungsschritte jedes Mal vollziehen, haben Sie die besten Voraussetzungen, um alle Verkaufschancen zu nutzen. Im Gespräch nutzen Sie die Ziele dann so: Versuchen Sie, Ziel A zu erreichen. Bezogen auf das Beispiel oben bedeutet das: Fragen Sie, ob der Kunde gerade eine Investition plant oder nicht. Wenn das nicht der Fall ist, gehen Sie zu Ziel B über. Wenn es dafür positive Hinweise gibt, bleiben Sie dran und verkaufen Sie Ihr Produkt. Geht B auch nicht, sorgen Sie wenigstens dafür, dass Sie Ziel C – Informationen bekommen – umsetzen können. So gehen Sie auf jeden Fall mit einem Ergebnis aus dem Gespräch.

Diese mehrstufigen Rückzugsziele ermöglichen es Ihnen, auch ein »Nein« des Kunden zu akzeptieren, ohne Druck aufzubauen. Der Kunde sagt: »Nein, interessiert mich gerade nicht«, und Sie können ganz entspannt antworten: »Alles klar. Wie sieht es denn dann in den nächsten sechs bis zwölf Monaten aus?« Die drei Ziele können Sie darüber hinaus auch dann nutzen, wenn Sie nicht wissen, wie viel der Kunde ausgeben will. Ziel A ist dann die Luxusausführung, Ziel B das gängige Normalangebot und Ziel C die Sparversion. Wenn Sie so an ein Kundengespräch herangehen, sind Sie immer offen für alle Möglichkeiten, ohne zu verbissen für eine Variante zu kämpfen und den Kunden letztlich gegen sich aufzubringen.

Nach unserer Erfahrung sind die meisten Verkäufer nicht ausreichend auf Verkaufsgespräche vorbereitet. Die wenigsten können klar sagen, was sie eigentlich erreichen wollen – und was sie tun werden, wenn das nicht klappt. Deswegen ist die Zielsetzung ein wesentlicher Aspekt des Verkaufskonzepts.

4. Das Verkaufsgespräch selbst

Natürlich haben wir auch mit Smart Selling das Verkaufen nicht neu erfunden. Aber es ist an einigen Stellen neu durchdacht. Was hat sich also gegenüber klassischen Konzepten verändert (siehe Abb. 8)?

Wie ist das Gespräch genau aufgebaut?

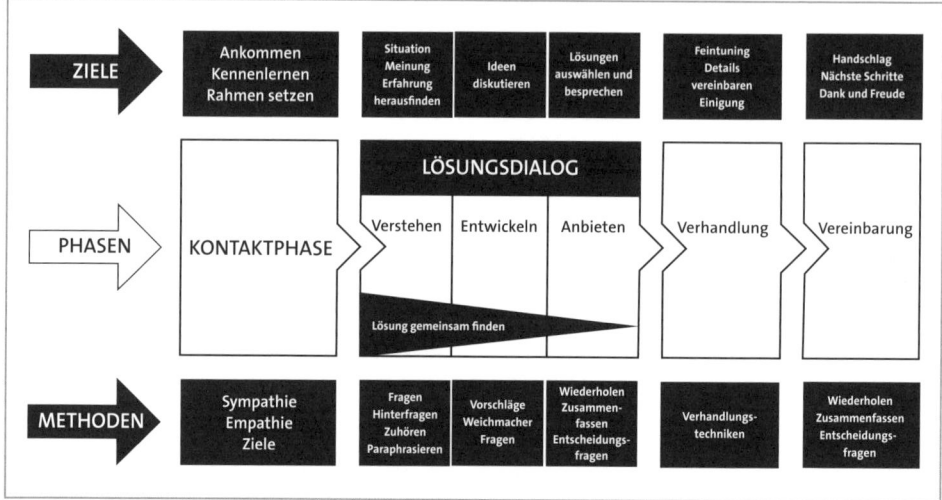

| ZIELE | Ankommen Kennenlernen Rahmen setzen | Situation Meinung Erfahrung herausfinden | Ideen diskutieren | Lösungen auswählen und besprechen | Feintuning Details vereinbaren Einigung | Handschlag Nächste Schritte Dank und Freude |

LÖSUNGSDIALOG

| PHASEN | KONTAKTPHASE | Verstehen | Entwickeln | Anbieten | Verhandlung | Vereinbarung |

Lösung gemeinsam finden

| METHODEN | Sympathie Empathie Ziele | Fragen Hinterfragen Zuhören Paraphrasieren | Vorschläge Weichmacher Fragen | Wiederholen Zusammenfassen Entscheidungsfragen | Verhandlungstechniken | Wiederholen Zusammenfassen Entscheidungsfragen |

Abbildung 8: Smart-Selling-Verkaufsprozess

Small Talk oder nicht? Verkaufstrainer können sich einfach nicht einigen, ob Small Talk noch zeitgemäß ist oder nicht. Manche schwören darauf, wieder andere raten konsequent ab. Unsere These: Es kommt darauf an, wie der Kunde tickt. Manchen tut eine kleine Aufwärmphase gut, andere nervt sie nur. Auch die Situation kann bei der Entscheidung eine Rolle spielen, ob Sie sich zunächst locker unterhalten – oder nicht. Wenn der Kunde oder Sie erst einmal ankommen müssen, plaudern Sie etwas. Sind Sie und der Kunde schon voll bei der Sache, kann es gleich losgehen. Aufmerksamkeit und Gespür sind also vor allem notwendig – sowohl für die Situation als auch für den Menschen, der Ihnen gegenübersteht.

Den Rahmen setzen Nach dem »Vorgeplänkel« stürzen sich die meisten Verkäufer gleich in das Verkaufsgespräch. Viel professioneller ist es allerdings, erst einen Gesprächsrahmen zu setzen. Stimmen Sie Ziele, Vorgehensweise und Zeitrahmen ab, bevor Sie in Details einsteigen. Das erlaubt Ihnen, später das Gespräch viel besser zu führen und zu strukturieren. Am besten können Sie auch diese Punkte mit Fragen ansprechen, zum Beispiel:

- »Was ist Ihnen heute wichtig?« oder »Welche Ziele haben Sie für das heutige Gespräch?«
- »Ich würde gerne folgende Punkte mit Ihnen besprechen: erstens … zweitens … drittens … Passt das für Sie? Was ist Ihnen noch wichtig?«
- »Wie viel Zeit haben Sie eingeplant?« oder »Wir hatten bei der Terminvereinbarung eine Stunde angesetzt. Passt das noch?«
- »Ich würde Ihnen gern erst einmal ein paar Fragen stellen, um Ihnen dann passende Vorschläge zu machen. Ist das okay?«

Wir kennen leider kaum Verkäufer, die so strukturiert in ein Gespräch einsteigen. Fakt ist: Diejenigen, die es tun, führen deutlich bessere Gespräche.

Der dreistufige Lösungsdialog – mehr als den Bedarf klären

Die nächste Phase – der »dreistufige Lösungsdialog« – sieht deutlich anders aus als das, was Sie vermutlich von klassischen Verkaufskonzepten kennen. Diese steigen meistens mit einer Bedarfsermittlung ein, darauf folgt das Angebot mit Nutzenargumentation und danach die Einwandbehandlung. Kennen Sie es auch so?

Der dreistufige Lösungsdialog setzt etwas anders an. Er geht vor allem in der ersten Phase, »Verstehen«, deutlich weiter als die klassische Bedarfsermittlung. Zunächst geht es darum, den Kunden, seine Vorstellungen, aber auch seine Denkweise zu verstehen. Fragen beziehen sich also nicht nur auf den fachlichen Bedarf, sondern auch auf die Meinung und die Erfahrungen des Kunden. In dieser Phase können Sie sich einen Eindruck verschaffen, auf welchem Wertelevel Ihr Kunde sich bewegt. Was ist ihm wichtig? Worauf legt er Wert? Wonach beurteilt er Ihre Produkte und Sie als Anbieter?

Phase 1: Verstehen – auf zwei Ebenen Fragen stellen

Sie fragen also nicht nur »Was brauchen Sie?«, »Wofür möchten Sie es einsetzen?« und »Welche Spezifikationen brauchen Sie?«. Mindestens genauso relevant sind auch die sogenannten weichen Faktoren: »Welche Erfahrung haben Sie mit …?«, »Wie denken Sie über …« oder »Was ist Ihnen wichtig?« Diese Informationen sind für die spätere Argumentation entscheidend. Einen Kunden, der mit Ihren Produkten gute Erfahrungen gemacht hat, müssen Sie ganz anders überzeugen als einen, der bisher noch nicht so begeistert ist. Einen Interessenten, der auf Ergebnisse Wert legt, müssen Sie nicht mit technischen Details langweilen.

Ein weiterer, wesentlicher Effekt dieser Phase ist, dass der Kunde selbst sich mit einem Thema auseinandersetzt. Ein Kunde, der – durch Ihre Fragen animiert – über Probleme spricht und nachdenkt, wird später wesentlich bereitwilliger auf Ihre Lösungsvorschläge reagieren. Er hat sich selbst klargemacht, dass er Ihr Produkt oder Ihre Dienstleistung braucht.

In dieser Phase des Verstehens müssen Sie noch gar nicht »wissen« und »beraten«, sondern Sie dürfen nur zuhören und verstehen. Was der Kunde Ihnen erzählt, gibt Ihnen die wichtigsten Anhaltspunkte dafür, was Sie später anbieten, und vor allem, wie Sie es erklären können. Diese Phase steuern Sie, wie Sie es aus anderen Verkaufskonzepten kennen, über offene und vertiefende Fragen, Kommentare und Wiederholungen des Gesagten.

Phase 2: Entwickeln – die beste Lösung gemeinsam finden

In der zweiten Stufe, »Entwickeln«, gilt es dann, mit dem Kunden zusammen Lösungen zu entwickeln. Sie machen Vorschläge, zu denen der Kunde sich äußern soll. Über weiche Formulierungen signalisieren Sie, dass der Kunde kritisieren, verändern und Wünsche äußern kann. Typische Formulierungen in dieser Phase sind: »Wir könnten eine Maschine auswählen, die eine Vollautomatik hat. Das hat den Vorteil, dass … Was denken Sie darüber?« Oder: »Sie sagten vorhin … Deshalb schlage ich vor … Wie sehen Sie das?« Gemeinsam überlegen Sie so lange, bis Sie die beste Lösung gefunden haben.

In der dritten Stufe, »Anbieten«, legen Sie schließlich den konkreten Vorschlag fest. Üblicherweise hat der Kunde in dieser Phase emotional schon eine Vorentscheidung getroffen. Bei dieser Vorgehensweise ist der Kunde in den Prozess stark involviert. Deshalb ist seine Identifikation mit der gefundenen Idee in der Regel sehr hoch. Dieser Effekt ist für Sie sehr nützlich. Meistens bekommen Sie auf dieser dritten Stufe schon jede Menge Kaufsignale. Wenn in Ihrer Branche ein schriftliches Angebot üblich ist, besprechen Sie dieses jetzt schon so weit, dass der Kunde keine Überraschung mehr erlebt, wenn er es bekommt. Stecken Sie ruhig auch den Preisrahmen ab, soweit Sie ihn einschätzen können. Das ermöglicht es Ihnen, mögliche »Preisschocks« gleich abzufangen.

Phase 3: Anbieten – die Kaufsignale nutzen und zum Abschluss kommen

Natürlich kommen Sie auch bei diesem Verkaufskonzept nicht ohne Einwände aus. Während des dreistufigen Lösungsdialogs wird Ihr Kunde immer wieder auch sagen, was ihm noch nicht passt. Darauf können Sie mit Fragen, neuen Vorschlägen oder konstruktiven Erklärungen reagieren und so ein Hindernis nach dem anderen aus dem Weg räumen. Wenn Sie schließlich gemeinsam eine Lösung gefunden haben, sollten auch alle Stolpersteine entfernt sein.

Wie auch immer Ihre Verhandlungsstrategie aussieht, achten Sie bitte immer darauf, seriös zu bleiben. Jeder Preisnachlass, den Sie nicht begründen können, kratzt an Ihrer Glaubwürdigkeit. Deshalb gehen Sie am besten nach der Regel vor: kein Zugeständnis ohne Gegenleistung. Als Verkaufsleiter geben Sie Ihren Mitarbeitern am besten einen eindeutigen Rahmen, in dem diese sich bewegen können. Kauft der Kunde mehr, bezahlt früher oder schließt einen längerfristigen Vertrag, kann er ein attraktiveres Preisangebot erhalten. Sonst zahlt er eben den Listenpreis. Standardrabatte, Goodwill-Aktionen und Verkaufsleiterzuschläge lassen hingegen eher an Ihrer Kompetenz und Seriosität zweifeln.

Stets seriös bleiben und keine unbedachten Zugeständnisse machen

In manchen Branchen ist es üblich, schon einen Rabatt zu geben, bevor der Kunde überhaupt mit der Verhandlung beginnt. Dieses Spiel müssen Sie aber nicht mitspielen, auch wenn es alle Ihre

Wettbewerber tun. In jeder Branche gibt es Unternehmen, die das Preisdumping nicht mitmachen. In der Regel sind das die Qualitätsführer, die sich so eine Menge Respekt verschaffen.

Nie ohne Vereinbarung Nicht jedes Verkaufsgespräch endet mit einem Kaufabschluss. Trotzdem ist es wichtig, immer mit einer konkreten Vereinbarung auseinanderzugehen. Alle Beteiligten sollten genau wissen, was als Nächstes passiert und bis wann und durch wen es erledigt wird. Das gibt Sicherheit und Klarheit für alle Seiten. Vereinbaren Sie zum Beispiel, ein Angebot zu schicken, sollten Sie vorab nicht nur besprechen, bis wann der Kunde damit rechnen kann, sondern auch, wann daraufhin das nächste Gespräch stattfindet. Im Optimalfall planen Sie sogar noch weiter und besprechen, wann die Entscheidung getroffen und wann geliefert werden soll.

Varianten des Verkaufsprozesses – levelgerechte Gesprächsführung

Ein wichtiger Ansatzpunkt beim Smart Selling ist die »typgerechte« Gesprächsführung. Ein Kunde mit ausgeprägt blauem Wertlevel hat andere Ansprüche an das Gespräch als ein »grüner« Kunde. Deshalb erlaubt das Konzept gewisse Spielräume, um individuell reagieren und sich auf verschiedene Kunden einstellen zu können. Im Seminar hören wir allerdings manchmal den Einwand: »Wenn ich mich an jemanden anpasse, der ganz anders ist als ich, verleugne ich mich ja selbst. Ich muss mich verbiegen und das fühlt sich unecht an.«

Anpassung ist Tagesgeschäft Dazu einige Anmerkungen: Wir passen uns sowieso ständig unterschiedlichen Gesprächspartnern an. Mit Kunden sprechen Sie anders als mit Freunden. Mit einem dreijährigen Kind gehen Sie nicht so um wie mit einem akademisch gebildeten Geschäftsführer. Es geht also nur darum, diese Fähigkeiten zur Anpassung zu erweitern und Ihre Flexibilität und Ihr Einfühlungsvermögen zu trainieren. Dabei werden Sie sich nicht selbst verleugnen. Wenn Sie mit einem Kleinkind sprechen, sind Sie ja schließlich auch authentisch, obwohl Sie vielleicht auf den Knien liegen, mit höherer Stimme sprechen als sonst und Worte benutzen, die völlig ungewohnt für Sie sind. Sich auf andere Erwachsene einzustellen, verlangt längst nicht so viel Veränderung wie diese Situation.

Versuchen Sie beispielsweise einmal, sich ganz sachlich und genau auszudrücken, obwohl es Ihnen selbst nicht unbedingt auf jedes Detail ankommt. Genau das müssen Sie tun, wenn Sie den Schritt von Orange zu Blau machen. Oder: Können Sie auch Ihre Gefühle in ein Gespräch einbringen, obwohl Sie eher sachlich orientiert sind? Das ist durchaus hilfreich, wenn Sie sich von Orange auf Grün einstellen.

Generell gilt, dass Anpassungen nach oben schwieriger sind als nach unten. Auf einen Level, den Sie schon hinter sich haben, können Sie sich wieder begeben. Ein Level, den Sie selbst noch nicht erschlossen haben, ist dagegen zunächst fremd und ungewohnt. Sie kennen die Regeln und Gesetze des Levels noch nicht. Ein Aspekt der Werteentwicklung hilft Ihnen allerdings auch beim Schritt nach oben. Im vorigen Kapitel haben Sie das Beispielprofil von Willi Wackler gesehen (siehe S. 67). Auch wenn Wackler hauptsächlich auf dem blauen Level agiert, ist Orange schon recht stark ausgeprägt und Grün ebenfalls in Sicht. Genauso ist es auch bei Ihnen. Ihre zukünftigen Levels sind in Ansätzen bereits vorhanden und Sie können sich in Maßen auch schon auf ihnen bewegen.

Auf die Richtung der Anpassung kommt es an

Erst wenn zwei Levels dazwischen sind, wird die Anpassung wirklich schwierig. Wackler mit seiner blauen Ausprägung hat keine Chance, sich schon glaubwürdig auf Gelb einzustellen. Er wird mit einem gelben Gesprächspartner vermutlich hoffnungslos überfordert sein, es sei denn, dieser stellt sich auf ihn ein. Ein Verkäufer auf dem Level Rot kann sich an ein grünes Team nicht anpassen und will das auch gar nicht. Er wird den kooperativen Umgang dieser Menschen wahrscheinlich als »Selbsthilfegruppe« oder »öko« abtun und den Kontakt abbrechen.

Im Vertriebsalltag ist es deshalb sehr wichtig, passende Verkäufer einzustellen. Kommt Ihnen das schwierig vor? Halb so wild. Es ist tatsächlich möglich, da sich der Markt in der Regel auf einem oder zwei nebeneinanderliegenden Levels abbildet. Er kann beispielsweise Orange-Grün oder Blau-Orange sein, wird aber selten ein Spektrum von Purpur zu Türkis zeigen. Gut ausgewählte Verkäufer können also den Großteil der Kunden ohne große Anpassungsleistung adäquat ansprechen. Im Anhang dieses Buchs haben wir für Sie eine Matrix zusammengestellt, die Ihnen hilft, die Ansprache von einem zum anderen Level zu verstehen (siehe S. 194 ff.).

In dem Markt, in dem wir als Trainer und Berater agieren, treffen wir eine sehr große Bandbreite von Kunden an. Um auf die unterschiedlichsten Typen eingehen zu können, ist es hilfreich, dass unsere Profile schon vorwiegend gelb ausgeprägt sind. Damit haben wir eine Multiperspektivität erreicht, die es uns erlaubt, mit vielfältigen Kunden und Unternehmen umzugehen. Sollten Sie sich ebenfalls in einem so heterogenen Markt bewegen, brauchen Sie also Verkäufer mit ausgeprägtem Gelbanteil. Das kann allerdings etwas teurer werden, weil diese meist wissen, was sie wert sind. Die Investition wird sich für Sie aber langfristig auszahlen, wenn unterschiedlichste Kunden überzeugt werden können.

KAPITEL 5

Die Levels im Detail

Die »7 S«

Vor einiger Zeit erhielten wir eine Kundenanfrage von einem großen Serviceunternehmen mit mehreren Niederlassungen in ganz Deutschland. Der Auftrag: »Bitte führen Sie einen Best-Practice-Workshop für unsere Niederlassungsleiter durch, damit diese besser voneinander lernen.« Bevor wir den Auftrag annahmen, führten wir eine genaue Analyse durch, um herauszufinden, ob das Projekt realistische Erfolgsaussichten hatte. Dabei stießen wir auf eine Rangliste, auf der die Niederlassungen untereinander verglichen wurden. In der Praxis hieß das: Wer auf der Liste ganz unten ist, bekommt richtig Ärger. Deshalb versuchten alle, die Kollegen auszustechen, um nicht selbst schlecht dazustehen. Uns war klar, dass unter diesen Umständen ein offener Austausch unter den Kollegen nicht möglich ist.

Die Lösung fand sich schließlich in Form eines neuen Bewertungskriteriums: Die Niederlassungen konnten Pluspunkte sammeln, wenn sie einander regelmäßig besuchten und Erfahrungen austauschten. Zusätzlich wurde die Rangliste nur noch als Mess-, aber nicht mehr als Bestrafungsinstrument genutzt. Ganz ohne Best-Practice-Workshop ging die Strategie auf. Dank des regelmäßigen Austauschs wurden alle Niederlassungen besser, weil sie bei den jeweils anderen auf gute Ideen stießen, diese übernahmen und umsetzten.

Vor der Beratung: Situations- und Fehleranalyse

Einen solchen »Fehler im System« zu finden, kann wie die Suche nach der sprichwörtlichen Nadel im Heuhaufen sein, wenn Sie keinen Leitfaden haben, nach dem Sie arbeiten können. Wir nutzen deshalb in Beratungsaufträgen sehr gern und erfolgreich das »7-S-Modell«, um uns zu orientieren und systematisch zu arbeiten. Es wurde in den 1970er-Jahren von Mitarbeitern der Unternehmensberatung McKinsey entwickelt.[14] Das Ziel: klare Kriterien für den Erfolg von Unternehmen zu identifizieren, um erfolgreicher beraten zu können.

Das Modell unterscheidet drei »harte« Faktoren: Struktur, Strategie und Systeme. Dazu kommen vier ebenso wichtige »weiche« Faktoren: Style, Skills, Staff und natürlich die für uns so wichtigen Shared Values. Nur wenn alle sieben Faktoren im Einklang sind, funktioniert ein Unternehmen reibungslos.

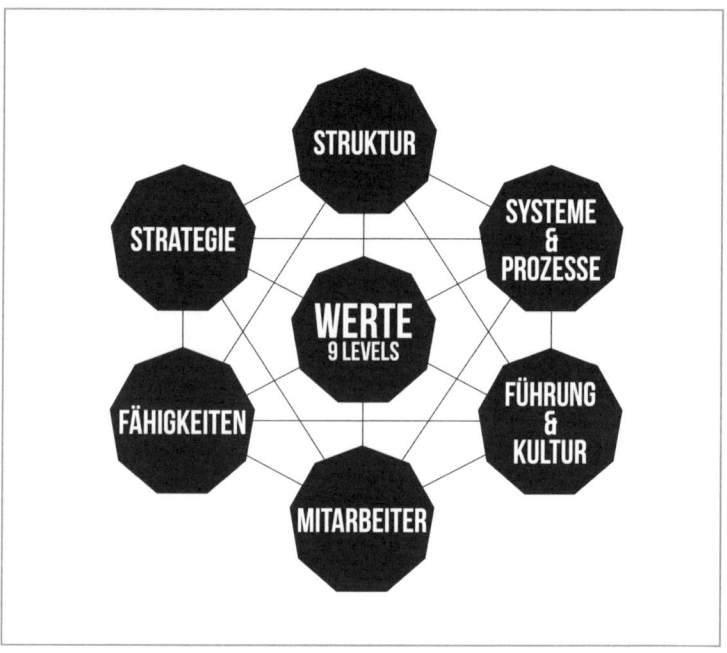

Abbildung 9: Die Gestaltungselemente einer Organisation »7 S«

Die »7 S«:

- Style – Führung und Kultur
- Structure – Struktur
- Skills – Fähigkeiten
- Strategy – Strategie
- Systems – Systeme und Prozesse
- Staff – Mitarbeiter
- Shared Values – gemeinsame Werte, 9 Levels

Für uns sind die Werte ein wichtiger Ausgangspunkt, um zu erkennen, welche Strukturen, Systeme, Fähigkeiten und so weiter notwendig sind, damit eine Strategie erreicht werden kann. Dazu ein Beispiel:

In einem Online-Reisebüro, das wir betreuten, fanden wir stark verankerte blaue Werte vor. Im Callcenter, in dem Kunden beraten wurden, wenn Sie Probleme bei der Buchung hatten, sollten eigentlich Dynamik und Verkaufsgeist herrschen. Stattdessen sahen die Mitarbeiter ihre Aufgaben im Verwalten von Buchungsprozessen und im Korrigieren von Kundenfehlern. Die mangelnde Beweglichkeit zeigte sich auch in den Büros. Diese glichen eher Wohnzimmern als Arbeitsplätzen. Überall standen Familienfotos, Stofftiere und Nippes herum. Vor allem aber fiel uns auf, dass auf fast jedem Schreibtisch eine Schale mit Süßigkeiten zu finden war.

Ein Veränderungsprozess von Blau nach Orange

Mit unseren ersten Veränderungsmaßnahmen machten wir uns erst einmal unbeliebt. Alle Büros wurden renoviert und neu möbliert und das Mitbringen von persönlichen Gegenständen wurde strikt verboten. Zusätzlich gab es eine Neuplatzierung diverser Bereiche. Das Callcenter wurde zum Beispiel in direkter Nachbarschaft des Teams positioniert, das die Reiseunterlagen verschickt. So war es für die Mitarbeiter leichter, ihre Nachfragen loszuwerden, die zwischen diesen Abteilungen zum Arbeitsalltag gehörten.

Geeignete Maßnahmen

Auf der Ebene der Fähigkeiten setzten wir ebenfalls an. Die Mitarbeiter mit telefonischem Kundenkontakt durchliefen Verkaufsschulungen, damit sie lernten, Serviceanfragen direkt in Buchungen zu verwandeln. Eine neu eingeführte Conversion-Rate belohnt seitdem zusätzlich die Abschlussorientierung der Mitarbeiter. Durch systematisches Bearbeiten der »7 S« konnten wir die Firma so vom Wertelevel Blau auf die nächste Stufe Orange heben.

Shared Values – gemeinsame Werte

Warum es wichtig ist, die Werte einer Organisation zu kennen

Was ist sinnvoller: Sollten Sie mit der Strategie oder doch eher mit den Werten eines Unternehmens anfangen, wenn es darum geht, dessen Zukunft zu verändern? Aus unserer Sicht ist es schlüssiger, die Werte voranzustellen. Sie sind ein wesentlicher Bestandteil der Unternehmensvision und -mission. Will man verstehen, wie ein Unternehmen in einigen Jahren dastehen soll und welche Aufgabe es erfüllt, muss man zwangsläufig auch etwas über die Werte wissen, die es vertreten will.

In vielen Firmen gibt es Wertedefinitionen und Leitlinien, von denen die wenigsten wissen und die oft unbeachtet in irgendwelchen Prospekten verstauben. Dabei sind Werte, verbunden mit einer emotionalen Vision, zugkräftige Identifikationsfaktoren für Kunden und Mitarbeiter. Menschen, die wissen, in welchem Wertesystem sie arbeiten, fühlen sich in der Regel verbundener mit ihrem Arbeitgeber als jene, die lediglich ihre Aufgabenbeschreibung kennen. Die Werte müssen bekannt und präsent sein, sie müssen aber vor allem von Führungskräften und Mitarbeitern (vor)gelebt werden.

Ein Level nach dem anderen

Um auf den angestrebten Wertelevel zu gelangen, müssen Organisationen manchmal erst durch andere Levels hindurchgeführt werden. So kann es notwendig sein, zunächst eine rote Wachstumsstrategie zu initiieren, um Marktanteile zu gewinnen und Geld zu verdienen. Im nächsten Schritt würde man das Unternehmen mit blauen Controllingsystemen und Regeln ausstatten, um die Qualität von Produkten und Dienstleistungen auch in der Wachstumsphase sicherzustellen. Mit Orange rückt dann wieder Gewinnstreben in den Vordergrund. Die langfristige Strategie beinhaltet in diesem Beispiel also mehrere Schritte mit Konsequenzen für alle anderen Faktoren des 7-S-Modells.

Strategy – Strategie

Aus der Unternehmensvision und den angestrebten Werten ergibt sich die Strategie. Als Microsoft seine erste legendäre Vision entwickelte, einen PC in jedem Haushalt zu etablieren, ergaben sich daraus klare strategische Konsequenzen. Das Unternehmen musste zunächst eine Software entwickeln, die so einfach war, dass auch Laien sie nutzen konnten. Dann musste diese in den Markt gebracht werden. Der Unternehmensgründer Bill Gates setzte dabei auf Kooperationen. Die Zusammenarbeit mit IBM brachte schließlich den gewünschten Durchbruch. Der Erfolg dieser Idee und die Marktstellung von Microsoft zeigen, wie motivierend Vision und Strategie des IT-Giganten waren.

Die Strategie eines Unternehmens bestimmt beispielsweise, welche Produkte angeboten und welche aus dem Sortiment gestrichen werden. Sie wirkt sich auf alle Bereiche des Unternehmens aus. Ein wachstumsorientiertes Unternehmen wird seinen Vertrieb anders aufstellen als eine Firma, die auf Qualität und Stabilisierung des Kundenstamms setzt. Strategien werden in Teilstrategien aufgesplittet. Jeder Bereich und jeder Mitarbeiter leistet in einem ganzheitlichen Konzept seinen Beitrag zur Erreichung der gesetzten Ziele. In der Praxis ist die Richtung allerdings häufig nicht so klar und eindeutig. Sie wird oft als Geheimnis behandelt und den Mitarbeitern nicht kommuniziert. Fragen Sie doch einmal in Ihrem Unternehmen die Kollegen, was die Unternehmensstrategie ist. Es könnte durchaus sein, dass Sie ganz unterschiedliche Antworten erhalten.

Der Idealfall: Die Strategie durchdringt das Unternehmen

Style – Führung und Kultur

Werteorientiertes
Führen ist gefragt Auch die Führungskultur und das Verhalten der Mitarbeiter hängen mit der generellen Entscheidung über Vision, Werte und Strategie zusammen. Die eine richtige Art zu führen gibt es aus unserer Sicht nicht. Führungsstile können lediglich passend oder unpassend sein. In einer wachstumsorientierten Umgebung ist ein wettbewerbsorientierter Führungsstil angemessen. Gewinner und Verlierer müssen benannt und beurteilt werden. Wenn Sie jetzt beim Lesen das Gefühl haben, dass Sie so nicht geführt werden wollen, zeigt das lediglich, dass Sie diesem Werte- und damit Kulturlevel bereits entwachsen sind und sich auf einer anderen Entwicklungsstufe befinden. Mitarbeiter, die in das wettbewerbsorientierte rote Umfeld passen, schätzen dagegen genau diese klaren Ansagen und Beurteilungen.

Führungskultur muss vorgelebt werden, damit sie sich im gesamten Unternehmen fortsetzt. Ein Chef, der ständig gegen die Regeln verstößt, bringt seine Mitarbeiter wohl kaum dazu, sich an diese zu halten. Nur wenn er selbst ein Vorbild an Genauigkeit ist, wird sich diese Eigenschaft mit der Zeit auch im Unternehmen durchsetzen. Werteorientiertes Führen ist hier der Schlüssel zum Erfolg.[15]

Skills – Fähigkeiten

An Fähigkeiten kann
man arbeiten Manchmal fehlt es gar nicht am Willen, wenn das gewünschte Verhalten nicht umgesetzt wird. Wir treffen zum Beispiel oft auf Verkaufsmitarbeiter, die sich nicht an Neukunden heranwagen. Bei näherem Nachfragen stellt sich häufig heraus, dass diese Verkäufer vor allem unsicher sind, wie sie die potenziellen Interessenten ansprechen sollen; sie möchten sichergehen, dass das in Ordnung ist. Solche Unklarheiten können wir mit einigen Seminaren oder Coachings aus der Welt schaffen. Die Mitarbeiter bekommen klare Leitlinien für die Kundenansprache, die Vorstellung des eigenen Unternehmens und die professionelle Umsetzung von Neukundengesprächen. Mit dieser Anleitung und etwas

Übung werden diese Vertriebler oft richtig gut im »Aufreißen« von Neukunden.

Voraussetzung ist allerdings, dass der Mitarbeiter grundsätzlich für diese Aufgabe geeignet ist. Und damit kommen wir zum nächsten Punkt.

Staff – Mitarbeiter

Am vorherigen Beispiel wird eines klar: Auch der Mitarbeiter muss »passend« sein, damit er eine Aufgabe erfüllen kann. Aus einem schüchternen Techniker wird wahrscheinlich nie ein Kundenjäger. Umgekehrt wird es ein ungeduldiger, erfolgsgetriebener Vertriebler wahrscheinlich nie hinbekommen, eine bis ins letzte Detail korrekte Ausschreibung zu beantworten. Schon beim Recruiting der Mitarbeiter spielen also grundlegende Stärken und Schwächen, Werte und Motivationen eine Rolle. Noch immer werden solche Fragestellungen aus unserer Sicht bei Einstellungen nicht genügend berücksichtigt. In der Konsequenz stoßen wir bei unserer Arbeit oft auf Firmen, in denen nach Sympathie und damit nach dem Motto »Gleich und Gleich gesellt sich gern« eingestellt wird.

Es muss grundsätzlich passen

Ebenso unnütz ist es, wenn Mitarbeiter einer Abteilung alle die gleiche Aufgabe bekommen, aber vielleicht ganz unterschiedliche Stärken und Werte haben. In fast jeder Vertriebsmannschaft gibt es zum Beispiel einen Mitarbeiter, der viel zu wenig Verkaufsgespräche und Kundenkontakte hat. Auch wenn derjenige unter Druck gesetzt wird, ändert sich sein Verhalten in der Regel nicht oder nur vorübergehend. Wenn wir in so einem Fall nachfragen, warum sich das Unternehmen nicht von diesem Mitarbeiter trennt, hören wir oft: »Fachlich ist er super, deshalb können wir nicht auf ihn verzichten.« Unser Rat lautet: Geben Sie dem Mann eine Aufgabe, in der er seine Stärken ausleben kann. Machen Sie ihn zum Beispiel zum Fachberater für komplizierte Anfragen oder betrauen Sie ihn mit der Entwicklung schwieriger Kundenkonzepte. Dabei ist er wahrscheinlich voll in seinem

Element und leistet einen echten Beitrag zum Unternehmenserfolg.

Structure – Struktur

Manchmal reicht
schon ein Umzug Strukturen in Unternehmen wachsen oft über Jahre hinweg. Sie werden zu selten auf den Prüfstand gestellt und können mit der Zeit zum Hindernis werden. In einem Maschinenbauunternehmen, das ausschließlich individuelle Kundenlösungen entwickelte, gab es immer wieder Kommunikationsprobleme. Die beiden wichtigsten Abteilungen, Konstruktion und Produktion, tauschten sich zu selten aus und arbeiteten so oft aneinander vorbei.

Unsere Analyse ergab: Das Problem lag weder an der mangelnden Bereitschaft noch an den Fähigkeiten der beteiligten Mitarbeiter. Vielmehr sorgten die räumliche Distanz der beiden Bereiche und zu hohe Trennwände zwischen den Arbeitsplätzen für Funkstille. Die beiden wichtigsten Ansprechpartner fanden sich einfach nie und trafen dann oft aus Verzweiflung einsame Entscheidungen. Die Firma verlegte daraufhin die Konstruktionsabteilung direkt neben die Produktion. Zusätzlich wurde ein Projektbüro eingerichtet, in dem die beiden Projektleiter ihre Kundenunterlagen sammeln und sich zur Abstimmung zurückziehen konnten.

Welche Rolle die
Organisations-
struktur spielt
Eine ganz wichtige Entscheidung in Bezug auf die Strukturen eines Unternehmens liegt in der Definition der Aufbauorganisation. Je kleiner die Firma, je einfacher die Aufgabenstellung, desto einfacher kann auch das Organigramm aussehen. In Familienunternehmen berichten oft alle an den Chef und dieser trifft alle wichtigen Entscheidungen. In reinen Vertriebsorganisationen machen alle mehr oder weniger das Gleiche, sodass ein einfaches hierarchisches Modell reicht. In komplexeren Unternehmen kann es dagegen sinnvoll sein, für verschiedene Bereiche auch unterschiedliche Organisationsstrukturen zu schaffen. Klassische Vertriebsorganisationen, in denen Außen- und Innendienst getrennt geführt werden, sind zum Beispiel nicht immer sinnvoll. Die Umstellung auf Verkaufsteams, bestehend aus Innendienst, Außen-

dienst und Support, die gemeinsam die Verantwortung für große Kunden tragen, gewährleistet unter Umständen eine viel bessere Kundenbetreuung.

Ein weiterer wesentlicher Bestandteil der Struktur sind die Bezahlungs- und Bonusmodelle. Wenn in diesem Punkt nicht alle an einem Strang ziehen, entsteht Chaos. Ein Produktionsunternehmen, das immer wieder Probleme mit der Lieferfähigkeit hatte, kam nach einigem Suchen darauf, dass in den relevanten Abteilungen widersprüchliche Ziele und Prämien verankert waren. So wurde das Lager nach der Höhe des Bestands beurteilt; man wollte ihn möglichst niedrig halten, um Kapitalbindung zu verhindern. Der Einkauf dagegen wurde angeregt, in großen Stückzahlen einzukaufen, um günstige Konditionen aushandeln zu können. Teile waren also in Summe vorhanden, aber es handelte sich nicht immer um die für die Produktion notwendigen. Der Vertrieb, verantwortlich für Gewinn und Kundenzufriedenheit, war Leidtragender dieses Wirrwarrs. Als die Führungskräfte der drei Bereiche diese Zwickmühle erkannten, erarbeiteten sie gemeinsam ein neues Modell. Kundenzufriedenheit und Lieferfähigkeit wurden über alle anderen Ziele gestellt und die Bonusmodelle entsprechend angepasst.

Für sinnvolle Bezahlungs- und Bonusmodelle sorgen

Systems – Systeme und Prozesse

Eine weitere Ursache für die beschriebene Misere im vorangegangenen Beispiel könnten inkompatible IT-Systeme gewesen sein. Wahrscheinlich haben Einkauf, Produktion und Vertrieb keinerlei Informationen über die jeweils anderen Bereiche gehabt. Da sich die IT-Infrastruktur in den letzten Jahrzehnten massiv verändert hat, existieren in den meisten Firmen diverse Systeme nebeneinander. Gerade im Mittelstand finden wir oft erstaunlich altmodische Lösungen, Datenfriedhöfe und IT-Parallelwelten vor.

IT-Systeme: am besten auf dem aktuellsten Stand

Zugegeben: Die Systeme auf einem aktuellen Stand zu halten, Daten sinnvoll zu bündeln und die Unternehmensprozesse abzubilden, ist aufwendig, teuer und schwierig. Häufig ist aber genau dieser Aufwand lohnenswert, damit die Mitarbeiter anschließend schneller und effektiver arbeiten können und einen besseren Überblick haben. Je größer und komplexer Unternehmen werden, desto wichtiger ist es, die Prozesse zu definieren und zu optimieren. Nur so kann sich die Organisation unabhängig von einzelnen Personen machen. Zusätzlich hilft dies, Schwachstellen aufzudecken und Fehler zu beseitigen.

Mithilfe geeigneter Prozesse Schwachstellen identifizieren

In einem Vertriebsteam wurde zum Beispiel klar, worin der unterschiedliche Erfolg von zwei Vertrieblern begründet war. Beide verglichen die Aufstellungen ihrer Kundenkontakte, die sie im Laufe des Verkaufsprozesses ermittelten. So wurde offensichtlich, dass der schwächere Vertriebler viel weniger Erstanrufe machte und in genau demselben Verhältnis mit seinen Abschlüssen hinterherhinkte. Sobald er am Tisch des Kunden saß, war er genauso erfolgreich wie der Kollege.

Wir stellen Ihnen die Wertelevels nun im Detail vor. Dabei konzentrieren wir uns auf den Businesskontext. Im Anhang dieses Buchs haben wir ab Seite 188 eine tabellarische Übersicht der »7 S« im jeweiligen Level für Sie zusammengestellt. Die dazu passenden Organigramme finden Sie ebenfalls im Anhang ab Seite 182.

Level Purpur: Tradition – Rituale – Zugehörigkeit

Ein typisch purpurnes Unternehmen!?

Begleiten Sie uns auf einen Kundenbesuch. Wir fahren gemeinsam zu einem mittelständischen Bauunternehmen im Rheinland, das exemplarisch für viele andere Firmen in Deutschland steht. Vom Parkplatz aus sehen Sie das Firmengebäude. Es ist gepflegt, aber altmodisch. Den Baustil der 1960er-Jahre kann es nicht verleugnen. Die Eingangstür mit schmiedeeisernem Griff und gelben Scheiben mit Facettenmuster unterstützt diesen Eindruck. Wir gehen ein paar Schritte über den Terrazzoboden des Eingangsbereichs, bevor wir auf der linken Seite eine verglaste Empfangsbox sehen. Die nicht mehr ganz junge Mitarbeiterin hinter der Scheibe fragt uns, zu wem wir wollen, und bittet uns dann, im Eingangsbereich zu warten. Das gibt uns die Gelegenheit, uns umzusehen.

Und es gibt viel zu sehen. An den Wänden hängen Fotos in Schwarz-Weiß und den verblassten Farben der 1970er. Darauf sind Baukolonnen und Baustellen, Maschinen und Mitarbeiter zu sehen. Einige etwas aktuellere Bilder hängen daneben. Ein Mannschaftsfoto des örtlichen Fußballvereins zeigt das Firmenlogo auf den Trikots der Spieler. In einem Zeitungsartikel können wir lesen, wie der Seniorchef einen persönlichen Glückwunsch zum 50. Firmenjubiläum vom Bürgermeister entgegennahm. Besonders auffällig ist das große Porträtfoto des Firmengründers: Ein älterer Herr mit zurückgekämmten Haaren, großer dunkler Brille und schwarzem Anzug schaut streng auf uns herab.

Als wir nun ins Besprechungszimmer gebeten werden, erfahren wir dort von unserem Ansprechpartner weitere Details. Die meisten Mitarbeiter sind schon seit mehr als zehn Jahren im Unternehmen. Auch 20. und 30. Firmenjubiläen sind keine Seltenheit. Im Hintergrund regiert immer noch der Seniorchef das Unternehmen, der Sohn des Firmengründers. Alle generellen Entscheidungen und großen Investitionen gehen über seinen Schreibtisch – und das, obwohl sein Sohn schon lange die Geschäftsleitung übernommen hat und für das Tagesgeschäft verantwortlich ist.

Treue und Beständigkeit – Strenge und Klarheit

Wir erfahren, dass die Firma schon stürmische Zeiten und manche Krise in der Bauwirtschaft überlebt hat. Der Schutz der Mitarbeiter stand dabei, neben dem Erhalt der Firma, immer im Vordergrund. Wie ein Vater wacht der Seniorchef noch heute über seine Mannschaft, immer zur Stelle, wenn es ein Problem gibt. Da wurden schon mal Familien finanziell unterstützt oder Mitarbeiter beherbergt, wenn sie wegen eines Familienstreits gerade nicht nach Hause konnten. Aber auch Strenge und Klarheit gehören zum Führungsstil des Firmenoberhaupts. Verspätungen und Nachlässigkeiten werden nicht akzeptiert und streng geahndet. Bei diesem Chef wissen die Mitarbeiter immer, woran sie sind.

Wahrscheinlich kennen Sie Firmen wie diese. Vielleicht erkennen Sie aber auch gerade Ihren eigenen Arbeitgeber wieder. Hier ist ein typisch purpurnes Unternehmen beschrieben. Es ist traditionell, regional verwurzelt und von einer Leitfigur, dem Inhaber, bestimmt. Das Bild dieser Firma ist typisch für viele Tausend mittelständische Unternehmen in Deutschland. Auf diesen Unternehmen basiert in vielen Regionen die Wirtschaftskraft. Sie stehen für Beständigkeit und Verantwortung. Die Mitarbeiter sind entweder in dieser Firma groß geworden oder sie kennen sie von klein auf, weil sie selbst aus der Gegend stammen. Es ist eher schwierig, von außen in ein solches Gefüge hineinzuwachsen. Wer hier arbeitet, gehört dazu. Für die Mitarbeiter ist es selbstverständlich, Anweisungen vom Chef zu empfangen. Sich auf einen starken Patriarchen verlassen zu können, gibt schließlich Sicherheit und Schutz.

Dabei können Firmen mit einem so starken purpurnen Wertegerüst ganz verschieden aussehen. Einer unserer Kunden aus der Schweiz ist ebenfalls auf diesem Level zu finden. Das Hightech-Unternehmen entwickelt neueste Technologien für die Luft- und Raumfahrt. Die Firmengebäude sind repräsentativ und hochmodern und das Unternehmen beliefert Kunden in der ganzen Welt. Trotzdem laufen auch in dieser Firma alle Entscheidungen über einen Tisch. Der Generaldirektor und Inhaber des Unternehmens hat die Firma in den frühen 1980er-Jahren gekauft und zu dem gemacht, was sie heute ist. Seine gesamte Aufmerksamkeit gilt dem Unternehmen, für das er lebt und hinter dem alles andere zurücksteht. Alle Mitarbeiter wissen um die starke Rolle des Chefs und sind bereit, sich dieser zu unterstellen.

Auch die Firma Haribo, die lange Zeit im Familienbesitz war, ist ein gutes Beispiel für purpurne Werte. Hans Riegel führte sein Unternehmen bis zu seinem Tod im Jahr 2013 67 Jahre lang und war nach eigener Aussage auch mit 90 Jahren noch »fast täglich im Büro«. Ein solcher Firmeninhaber bekommt eine fast magische Rolle. Gottähnlich führt er die Geschicke der Firma ganz allein und alle verlassen sich auf ihn. Diese Persönlichkeit ist quasi unersetzbar. Die einzige Chance, das Unternehmen zu übergeben und seine Kultur zu bewahren, ist die Familiennachfolge. In Unternehmen dieser Art arbeiten deshalb meist Familienmitglieder und die Firma wird an Söhne oder Töchter übergeben.

Firmen auf dem Level Purpur …

… sind auf eine Führungsperson oder -familie ausgerichtet,
… zeichnen sich durch Kontinuität und Tradition aus,
… haben langjährige und loyale Mitarbeiter.

Kunde und Markt auf dem Level Purpur

Sind Ihre Kunden mehrheitlich auf dem Level Purpur zu finden? Das ist zum Beispiel im Baugewerbe, im Handwerk und in der Landwirtschaft noch häufig der Fall. Trifft das auf Ihre Kunden zu, muss auch Ihre Verkaufsorganisation darauf ausgerichtet sein. Das bedeutet: regional, traditionell und beständig. Verkaufsmitarbeiter und Kundenbetreuer sollten möglichst aus der Gegend stammen, mindestens aber den gleichen Dialekt sprechen wie die Kunden. Ein großer Baumaschinenhersteller setzt zum Beispiel auf diese Taktik. Dort arbeiten ausschließlich Verkäufer, die auch aus ihrem Verkaufsgebiet stammen. Dadurch ergeben sich immer Gemeinsamkeiten und Anknüpfungspunkte.

Kein Nachteil: Verkäufer aus der Region

Bei Kundenbesuchen in Familienunternehmen, die seit vielen Generationen bestehen, macht es sich für den Koautor Rainer Krumm immer wieder bezahlt, dass die Familie Krumm als früherer Keksfabrikant und ehemaliger Hoflieferant eine gewisse Reputation hat. In traditionellen Firmen öffnet das Tür und Tor.

Generell findet der Aufbau von Netzwerken im traditionellen purpurnen Markt oft in Vereinen statt. In Schützenverein, Fußballklub oder Fastnachtskomitee werden Verbindungen geschlossen, die bares Geld wert sind. Robert Bauer, Kundenbetreuer einer Großbank, ist zum Beispiel häufiger im örtlichen Fußballstadion zu finden als an seinem Schreibtisch. Bekommt Bauer einen neuen Vorgesetzten, weiht er diesen erst einmal ein, indem er ihn mit

Vereine als idealer Ort zum Netzwerken

ins Stadion nimmt. Natürlich bekommt der neue Chef einen Fanschal und wird den lokalen Geschäftsleuten vorgestellt, die ebenfalls bei keinem Spiel fehlen. Nach dieser Einführungsrunde bekommt Robert Bauer in der Regel auch von seinem neuen Chef die Erlaubnis, seine Geschäfte so anzubahnen, wie er es am besten kann: während des Fußballspiels. Seine Umsatzzahlen bestätigen übrigens, dass die Taktik funktioniert.

In Verkaufsgesprächen darf der lokale Touch ebenfalls nicht fehlen. Bei einer Außendienstbegleitung konnten wir erleben, wie der fränkische Verkäufer in der ersten Hälfte des Gesprächs mit dem Kunden ausschließlich über gemeinsame Bekannte, Familien und die jeweilige Herkunft sprach. Erst dann ging es ums Fachliche.

Am besten immer mit dem Boss reden ... Für die Verkaufsstrategie im purpurnen Markt ist aber vor allem wichtig, dass Sie sich an den richtigen Ansprechpartner wenden. Und das ist in den meisten Fällen nur eine Person: der Inhaber. Fragen Sie auf jeden Fall immer: »Wie laufen bei Ihnen üblicherweise die Entscheidungsprozesse ab?« Sie werden erstaunt sein, wie oft die Antwort lautet: »Am Ende landet das auf dem Tisch vom Chef.« Es ist also in jedem Fall sinnvoll, mit dem Firmenoberhaupt selbst zu verhandeln. Eventuell müssen Sie zu diesem Zweck eine höhere Führungsebene aus Ihrem Unternehmen hinzuziehen.

Im Gespräch mit dem Entscheider fragen Sie seine Erfahrungen und Meinungen ab. Auch »Kriegsgeschichten« sollten Platz finden. Lassen Sie sich ruhig erzählen, wie Ihr Kunde seinen Laden »aus dem Nichts aufgebaut« oder »schon vom Urgroßvater übernommen« hat. Das dient der Beziehung und zeugt von Respekt. Hofieren können Sie einen purpurnen Chef eigentlich nie genug. In den allermeisten Fällen haben diese traditionellen Firmenchefs Ihre Wertschätzung aber auch verdient.

... und sich mit dessen Vertrauten gut stellen Häufig delegieren purpurne Entscheider die Verhandlungsarbeit an Mitarbeiter. Machen Sie sich diese zu Partnern und hecken Sie gemeinsam einen Schlachtplan aus, wie der Chef überzeugt werden kann. In guten Familienunternehmen ist die Fluktuation meist gering und Ihre Verhandlungspartner sind wahrscheinlich schon lange in der Firma. Deshalb können Sie auf gutes Knowhow der Entscheidungsprozesse und -kriterien zählen. Nutzen Sie es, um die richtigen Argumente zu liefern.

Kunden auf dem Level Purpur ...

... legen Wert auf die regionale Anbindung von Lieferanten und Verkäufern,
... entscheiden zumeist von der Spitze, dem Inhaber, aus,
... betrachten Investitionen langfristig.

Verkaufsorganisation und -strategie auf dem Level Purpur

Arbeiten Sie selbst in einem purpurnen Unternehmen und führen dort den Verkauf? Dann dürfte Ihnen vieles, das Sie gerade gelesen haben, bekannt vorkommen. Wenn Sie selbst schon lange dabei sind, spüren Sie wahrscheinlich auch das Zugehörigkeitsgefühl, das in solchen Organisationen entsteht. Neben dem Chef arbeiten oft noch weitere Familienmitglieder in der Firma. Das Team fühlt sich der Familie gegenüber verpflichtet. Im Gegenzug ist die Familie für den Schutz und das Wohl der Mitarbeiter verantwortlich.

Der »Preis« für Stabilität: grundsätzliches Einverständnis und Anerkennung der Regeln

Das Organigramm eines solchen Unternehmens ist – zumindest inoffiziell – ganz einfach: Alle berichten an den Boss. Das offizielle Organigramm kann natürlich viel komplexer aussehen und doch wissen alle, wer am Ende wirklich entscheidet. Die Regeln in einem solchen Unternehmen sind oft klar festgelegt, auch wenn sie nirgendwo aufgeschrieben wurden. Wer neu anfängt, lernt schnell, »wie es bei uns gemacht wird«. Abläufe und Traditionen zu hinterfragen ist eher unerwünscht. Folgsamkeit wird vorausgesetzt. Entsprechend schwierig gestaltet es sich auch, Dinge zu verändern und zu aktualisieren. Schließlich fühlen sich die meisten Mitarbeiter gerade deshalb so wohl, weil die Arbeitsabläufe und das Umfeld scheinbar stabil und vorhersehbar sind. In Familienunternehmen sind deshalb noch erstaunliche Relikte zu finden.

Antiquierte Rituale? Selbst in der heutigen Zeit gibt es noch Verkaufsteams, die ohne Kundendatenbank auskommen und ihre Informationen auf Karteikarten oder in selbstgestrickten Excel-Tabellen sichern. »Ich kenne meine Zahlen nicht und will sie auch gar nicht wissen«, ist eine gar nicht so untypische Aussage eines Vertrieblers aus einem purpur geprägten traditionellen Unternehmen. Solange der Chef alles im Blick hat und nicht meckert, ist die Welt in Ordnung.

Die Verkaufsorganisation auf dem Level Purpur ...

... wird Top-down gesteuert,
... weist wenige feste Strukturen und Prozesse auf,
... wirkt reaktiv und passiv.

Verkäufer führen und entwickeln auf dem Level Purpur

Die väterliche Rolle des Chefs Verkäufer in purpurnen Vertriebsteams erwarten klare Ansagen und Entscheidungen von oben. Der Chef sagt, was zu tun ist und wie es gemacht werden soll. Die Mitarbeiter erledigen, was man ihnen aufträgt. Aufgrund der hohen Identifikation sind sie bereit, sich voll einzusetzen und lange und hart zu arbeiten. Stellen Sie sich das Verhältnis zwischen Chef und Mitarbeiter wie das zwischen einem Vater und seinen Kindern vor. Er erwartet Gehorsam und Respekt, ist sich aber auch bewusst, dass er ein gutes Vorbild sein muss. Die Kinder würden alles für ihren Vater tun, erwarten dafür aber auch Schutz und Sicherheit. Anweisungen werden befolgt, aber es wird vorausgesetzt, dass sie vernünftig und mit Bedacht gegeben werden. Die Kinder dürfen schließlich nicht überfordert oder verletzt werden. Und die Zöglinge können mit ihren Sorgen kommen und Hilfe erwarten, solange sie dieses Privileg nicht ausnutzen.

Eigenverantwortung unerwünscht Von außen betrachtet wirkt so ein Verkaufsteam unselbstständig und passiv. Tatsächlich ist es das auch. Eigenverantwortung ist schließlich nicht erwünscht, wenn von oben regiert wird. Von Verkäufern zu erwarten, dass sie initiativ werden und sich »selbst etwas überlegen«, ist deshalb unrealistisch. Auch die Mitarbeiter eines purpurnen Unternehmens selbst können mit Einbeziehung nicht viel anfangen. Sie sind es nicht gewohnt, ihre Meinung einzubringen. Einen Vorgesetzten, der das von ihnen erwartet, verurteilen sie schnell als schwach und inkompetent.

Verkäufer auf dem Level Purpur …

… übernehmen gerne einfache, überschaubare Aufgaben,
… erwarten klare Anweisungen, bevor sie agieren,
… überlassen Entscheidungen dem Chef.

Risiken und Nebenwirkungen auf dem Level Purpur

Jeder Level birgt natürlich auch Schwachstellen. Sie komplett zu vermeiden, würde meistens den Aufbruch auf einen anderen Level bedeuten. Doch auch innerhalb des Wertesystems lassen sich Verbesserungen einführen, um die Risiken zu minimieren. Auf Level Purpur liegt die Gefahr in dem starken Fokus auf eine Person. Jede Fragestellung und Entscheidung, ja der gesamte Erfolg, hängen im Extremfall von der Leitfigur des Unternehmers ab. Was passiert, wenn diese nicht mehr da ist, krank wird oder nicht verfügbar ist? Um dieser Ratlosigkeit vorzubeugen, ist es sinnvoll, einige zusätzliche Kompetenzen zu vergeben. Diese können abgegrenzt und klar definiert sein. Dennoch erlauben sie weiteren Personen, aktiv im Unternehmen zu agieren. Je größer die Firma, desto wichtiger ist diese Delegation. Doch auch in kleinen Firmen kann eine Aufgabenverteilung für mehr Flexibilität sorgen.

Delegieren (in Maßen) empfehlenswert

Gut ist es auch, wenn das Firmenoberhaupt seine Vision über die Entwicklung des Unternehmens mit seinem Führungsteam teilt. Wenn alle wissen, wie die Firma in zehn Jahren aussehen soll, können sie besser an der Umsetzung mitwirken. Dazu gehört auch das Wissen um die Werte des Unternehmens und des Unternehmers. Sind diese Werte bekannt, kann das Team diese in seiner täglichen Arbeit stärker berücksichtigen. In einer grünen Firmenkultur würden diese Werte von allen gemeinsam entwickelt und jeder würde sich an deren Umsetzung beteiligen. In der pur-

Shared Values: Alle kennen die essenziellen Werte

purnen Welt ist das nicht sinnvoll. Hier entscheidet der Inhaber, wie gearbeitet wird, teilt diese Vorstellung aber seinen Mitarbeitern mit.

Um die Schwächen des Levels Purpur zu reduzieren, …

… vergrößern Sie die Kompetenzbereiche Ihrer Mitarbeiter Schritt für Schritt,

… teilen Sie Werte und Ziele auch den Mitarbeitern mit,

… trauen Sie den Mitarbeitern neue Aufgaben zu und lassen Sie sie selbst Erfahrungen sammeln.

Der Aufbruch zum Level Rot

Nachteile der zu starken Leitfigur Solange die Leitfigur an ihrem Platz ist oder die Führung von Generation zu Generation reibungslos weitergegeben werden kann, ist die Purpur-Welt in Ordnung. Gelingt das nicht, gerät das Gefüge ins Ungleichgewicht. Dazu ein Beispiel:

Ein 1933 gegründetes Maschinenbauunternehmen aus Norddeutschland wurde fast 60 Jahre lang vom Firmengründer geführt. Der begabte Konstrukteur und Unternehmer baute seine Firma über Jahrzehnte zum Weltmarktführer in seinem Bereich mit Vertretungen auf allen Kontinenten auf. Seine Innovationskraft führte zu immer neuen Entwicklungen und einer unumstrittenen Marktposition. Bis zu seinem Tod mit fast 90 Jahren bestimmte der Chef über die Geschicke der Firma. Sein Sohn schaffte es leider nicht, das Unternehmen genauso erfolgreich weiterzuführen. In den folgenden Jahren ging es zunehmend bergab, bis er die Firma an Investoren verkaufen musste.

Warum Purpur nicht mehr funktioniert Diese Geschichte ist tragisch, aber gar nicht so untypisch. Der Patriarch kann sich von seinem »Kind«, sprich seinem Unternehmen, nicht trennen und versäumt dabei, es auf eigene Füße zu stellen. Die bisherige Kultur geht verloren, weil der Chef nicht dafür sorgt, dass sie, vorgelebt von seinem Nachfolger, weiterleben kann. Wenn die Leitfigur das Unternehmen verlässt, müssen neue Strukturen geschaffen und eine neue Kultur entwickelt werden. Es braucht mutige Vorreiter, um das Unternehmen auf einen neuen Level zu heben.

Level Rot: Durchsetzung – Mut – Ehre

Erinnern Sie sich an die Ursprünge des Levels Rot? Steinzeitjäger machten sich auf die Suche nach neuen Territorien, weil die alten nicht mehr genug Nahrung boten. Der Wechsel auf Level Rot ist ein notwendiger Befreiungsschlag. Mutige brechen auf und wagen es, eigenständig neue Jagdgründe zu erobern. Genau das spielt sich oft ab, wenn Teams oder Organisationen auf Level Rot wechseln. Alte Strukturen sind verloren gegangen oder passen nicht mehr. Neue müssen entdeckt und entwickelt werden. Das erwähnte Maschinenbauunternehmen wird sich als Nächstes auf diesen Level begeben. Die Mitarbeiter müssen lernen, sich durchzusetzen und unabhängig zu werden, weil die Leitfigur, der alte Chef, nicht mehr da ist.

Voraussetzungen für den Wechsel auf Rot

Verkaufsteams, die so »allein gelassen« werden, geraten oft nach anfänglicher Orientierungslosigkeit auf den roten Level. Weil keiner mehr sagt, was zu tun ist, übernehmen einige aus dem Team die Initiative und treten in Aktion. Wenn sie erfolgreich sind, wächst die Motivation. Als Vorreiter dürfen sie sich nun aber von den alten Kollegen nicht mehr überholen lassen. Wenn diese versuchen nachzuziehen, werden die Erneuerer mit allen Mitteln am Erfolg gehindert. Macht und Status können schließlich nur dem Gewinner zustehen. Wenig überraschend befinden sich Firmen mit Direktvertrieb oft auf dem Level Rot. Wenn einfache Produkte schnell und direkt in den Markt gedrückt werden sollen, scheint Rot der wirkungsvollste Level zu sein. »Schneller, höher, weiter« ist hier die Devise.

Ein bekanntes Vertriebsunternehmen im Bereich Schrauben und Werkzeuge weist starke rote Züge auf. Wer dort arbeitet, muss gewinnen wollen. Die Verkäufer werden bedingungslos auf Um-

Harte und klare Regeln in roten Unternehmen

satzkurs getrimmt. Wer gut verkauft, wird gefeiert und ausgezeichnet; Verlierer müssen leiden. Es gibt alle möglichen Formen von Belohnung und Strafe. Wichtig ist nur, dass beides sowohl sichtbar als auch spürbar ist. Neben den Provisionen gibt es für die besten Umsatzbringer auch Incentive-Reisen und teure Dienstwagen. Wer zurückfällt, verliert seine Privilegien genauso schnell, wie er sie bekommen hat.

Das Multi-Level-Marketing, auch Strukturvertrieb oder Schneeballsystem genannt, ist eine typisch rote Erfindung. Hier wird ausschließlich Umsatz belohnt. Jeder Verkäufer in diesem System muss nicht nur für den eigenen Absatz sorgen, sondern auch weitere Vertriebsebenen aufbauen. Konkurrenz und Wettbewerb sind ausdrücklich erwünscht und werden gefördert. Egal ob Geschirr, Finanzdienstleistungen oder Elektrogeräte verkauft werden: Multi-Level-Marketing zahlt sich aus – für die, die in der Pyramide weit genug oben sind. Dorthin zu kommen ist für alle möglich, die mitmachen und genug Einsatz zeigen.

Jeder kämpft für sich allein Status, Ansehen und Einfluss sind die wichtigsten Werte, die Menschen, Teams und Organisation auf dem Level Rot vorantreiben. Da auf diesem Level der Ich-Bezug im Vordergrund steht, kämpft jeder Mitarbeiter für sich allein, um gut dazustehen – wenn nötig auch mit unfairen Mitteln.

Firmen auf dem Level Rot …

… erobern schnell und mit Druck neue Märkte,
… streben nach einfachen und eindeutigen Zielen,
… sind stark oder ausschließlich auf Vertrieb ausgerichtet.

Kunde und Markt auf dem Level Rot

Die Kernfrage: Was habe ich davon? Rote Kunden stellen nur eine Frage: »Was habe ich davon, bei Ihnen zu kaufen?« Diese Frage müssen Sie beantworten, wenn Sie Abschlüsse machen wollen. »Was habe ich davon?« bedeutet: Wie kann Ihr Verhandlungspartner gewinnen und als Sieger aus dem Kauf- und Verhandlungsprozess hervorgehen? Die Verkaufsgespräche mit diesen Kunden werden in der Regel eher kurz ausfallen. Details sind nicht so wichtig wie Ergebnisse. Fokussieren Sie sich also in Ihrer Argumentation auf die Vorzüge, die dem Kunden durch den Kauf Ihres Produkts entstehen. Kurzfristige finanzielle Vorteile wiegen hier schwerer als Qualitätsaspekte, die sich erst auf lange Sicht bezahlt machen.

Genau auf diese Denkweise zielt ein Hersteller von Servicemaschinen für Skihändler ab. Die Maschinen werden mit Macht in den Markt gedrückt. Dabei geht der Anbieter sogar so weit, die Geräte zunächst kostenlos abzugeben und dazu noch einen Servicetechniker für ein Jahr zur Verfügung zu stellen. Erst danach fangen die Kunden an, die Ware in Raten abzuzahlen. Die Skihändler sehen oft nur, dass sie einen neuen Schleifroboter bekommen und sich über Geld erst einmal keine Gedanken machen müssen. Da sie selten einen betriebswirtschaftlichen Background haben und gleichzeitig einem starken Wettbewerb ausgesetzt sind, trifft dieses Angebot auf großes Interesse.

Rote Kunden versuchen in Verhandlungen generell fast alles, um für sich das beste Ergebnis zu erzielen. Sie spielen Wettbewerber gegeneinander aus und verhandeln Preise bis zur Schmerzgrenze herunter. Und selbst wenn der Lieferant nicht mehr bieten kann, versuchen sie, noch mehr zu bekommen. Ein gutes Beispiel für diese Methode ist der legendäre José Ignacio López. Er hat in seiner damaligen Tätigkeit als Chefeinkäufer von Opel und später General Motors vermutlich alle roten Register gezogen. Er drückte seine Lieferanten mit allen erdenklichen Mitteln und konnte dadurch für sein Unternehmen sagenhafte Einsparungen realisieren.

Chancen und Risiken roter Verhandlungstechniken

Eine Zeit lang wurde López dafür als Held gefeiert. Doch die Zulieferer konnten diese Verhandlungspolitik nicht einfach so akzeptieren. Schließlich ging es um das eigene Überleben. Ihre finanziellen Einbußen versuchten sie vielfach durch schlechtere Materialqualitäten zu kompensieren. Die Folge waren Qualitätsprobleme, die den Ruf der Automobilkonzerne schädigten und sie in der Folge viele Kunden kosteten. Opel erlebte einen Absatz-einbruch, wie er in dieser Branche nie zuvor stattgefunden hatte.

Wenn Sie mit einem roten Kunden verhandeln wollen, sorgen Sie also gut vor. Generell gilt: Sie müssen nicht jeden Kunden gewin-nen. Einige können Sie auch Ihrem Wettbewerber gönnen. Wenn Sie zu einem roten Verhandler gehen, legen Sie vorher unbedingt eine Verhandlungs-Schmerzgrenze fest und halten Sie diese ein. Will der Rote sich darauf nicht einlassen, machen Sie das Geschäft lieber nicht. Ihr rotes Gegenüber geht übrigens davon aus, dass Sie für sich selbst sorgen. Solange Sie nicht »Nein« sagen, geht es weiter. Wem könnte man dafür die Schuld geben?

Es ist jedoch gleichermaßen wichtig, dem roten Verhandlungs-partner seinen Gewinn zu gönnen. Schließlich gibt es in der ro-ten Welt nur einen Sieger. Kalkulieren Sie also genug Spielraum ein, um Ihrem Gegenüber Schritt für Schritt entgegenkommen zu können. Um seine Etappensiege muss der rote Verhandler aber kämpfen. Wehren Sie sich heftig und geben Sie Ihre Zugeständ-nisse immer erst in dem Moment preis, in dem Ihr Gegenüber abzuspringen droht. So zu verhandeln ist hart, kann aber auch Spaß machen.

Kunden auf dem Level Rot …

… fragen nach Ergebnissen und persönlichen Vorteilen,
… wollen gewinnen, besonders in der Preisverhandlung,
… suchen eher den kurzfristigen Vorteil.

Verkaufsorganisation und -strategie auf dem Level Rot

Die rote Verkaufsorganisation ist sehr einfach aufgebaut. Es geht darum, so schnell und so viel wie möglich zu verdienen. Rang-listen und Ziele sind die wesentlichen Strukturelemente. Deshalb können Sie in einer roten Verkaufsorganisation auch mit hohen erfolgsabhängigen Gehaltsanteilen arbeiten. In manchen Unter-nehmen hängt das Einkommen zu 100 Prozent vom verkäuferischen Erfolg ab. Die Provisionen in roten Vertriebssystemen basieren vor allem auf Umsatz und Abschlussquoten. Differenziertere Zielvorgaben sind nicht sinnvoll, denn meistens geht es nur darum, schnell viele Marktanteile zu gewinnen und Wettbewerber aus dem Feld zu drängen. Damit die Marge nicht leidet, brauchen die Verkäufer klare Grenzen, die Dumpingpreise verhindern.

Rote Verkäufer lieben den Wettbewerb und wollen wissen, wo sie im Vergleich zu ihren Kollegen stehen. Loben Sie Erfolge öffentlich und gewähren Sie den Besten Privilegien. In manchen Organisationen gibt es beispielsweise Reisen für die Umsatzbringer. Die Fotos vom Luxustrip werden dann gerne an die Ehepartner der weniger guten Kollegen gemailt. So entsteht Druck von allen Seiten.

Wenn Ihnen diese Methoden brutal und respektlos vorkommen, liegt das wahrscheinlich daran, dass Sie in Ihrem persönlichen Wertesystem gerade woanders stehen. Es wird auch Verkäufer geben, die diese Führungsmethoden nicht aushalten können oder wollen. Sie werden sich früher oder später aus einer solchen Organisation verabschieden. In einem anderen Umfeld können sie dann durchaus erfolgreich werden.

Mit harten Bandagen kämpfen

Die Verkaufsorganisation auf dem Level Rot …

… ist homogen: Alle verkaufen und sorgen für Umsatz,
… wird nach Umsatz und Abschlüssen bemessen,
… motiviert über Belohnung und Bestrafung.

Verkäufer führen und entwickeln auf dem Level Rot

Ein rotes Verkaufsteam zu führen, ist eigentlich ganz einfach: Als roter Vertriebsleiter sind Sie derjenige, der am besten verkaufen kann. Sie müssen vormachen können, wie es geht. Wenn Sie die überzeugendsten Formulierungen beherrschen und ein schwieriges Gespräch herumreißen können, verdienen Sie sich den Respekt Ihrer Mitarbeiter und sind zugleich deren bestes Vorbild.

Intensive
Einarbeitung
und dann:
Ab zum Kunden!

Robert Reisser, Verkaufsleiter eines expansiven Technikunternehmens, lernt seine Verkäufer generell selbst an. Schließlich weiß er am besten, wie es geht, und bringt trotz seiner Führungsposition immer noch die besten Umsätze ein. Er lehrt seine Neuen alle Tricks, Sprüche und Antworten auf typische Einwände. Nur ein paar Spezialmethoden behält er für sich, um nicht alle Karten aus der Hand zu geben. Nach vierwöchiger Intensivschulung müssen die Jungverkäufer dann ins kalte Wasser springen. Reisser ist der festen Überzeugung, dass Verkäufer am besten lernen, indem sie »auf die Nase fallen«. Sein Lieblingsspruch: »Wer noch nicht beim Kunden rausgeflogen ist, hat noch nie die Grenze erreicht.« Diese Grenzen auszuloten und mit ihnen zu spielen, gehört zum roten Verkaufsstil dazu. Das weiß der Vertriebsleiter besser als jeder andere.

Machen,
nicht meckern!

Sobald rote Verkäufer die nötige Erfahrung haben, brauchen sie Freiraum. Von Ihnen als Chef erwarten sie klare Rückmeldungen, wenn Sie zufrieden, aber auch wenn Sie nicht zufrieden sind. Wer aus der Reihe tanzt, muss konsequent ermahnt werden, sonst herrscht bald Wildwuchs im Team und schlechte Angewohnheiten verbreiten sich wie eine Krankheit. Solange die Verkäufer sich aber an die wenigen existierenden Regeln halten und die Zahlen stimmen, können sie agieren, wie sie wollen. Diesen Freiraum schätzen in der Regel auch die Vertriebsführungskräfte, die sich meist lieber um Kunden und Umsätze als um ihre Mitarbeiter kümmern. »Das Team soll machen und nicht meckern«, ist die typische Aussage eines roten Verkaufsleiters.

Wann rote Führung
gefragt ist

Wenn ein Mitarbeiter jedoch nicht ganz so reibungslos mitspielt, ist auch auf diesem Level Führung gefragt. Viel Geduld brauchen Sie allerdings nicht, wenn Sie einen Mitarbeiter wieder auf die rote Spur bringen müssen. Es geht lediglich darum, herauszufinden, ob der Mitarbeiter in Bezug auf die Umsatzgewinnung noch Lernbedarf hat. Wenn die Motivation generell stimmt, lohnt es sich, in einen schwachen Verkäufer ein paar Stunden oder Tage für Nachschulungen oder Besuchsbegleitungen zu investieren. Wenn er allerdings nur Ausreden gebraucht, aber keinen wirklichen Willen zur Verbesserung zeigt, müssen Sie sich wahrscheinlich trennen. Nicht jeder Mensch ist in der Lage, das hohe Tempo eines roten Vertriebsteams mitzugehen. Und nicht jeder kommt mit den Anforderungen und der Führungskultur dieses Levels klar. In einem anderen Umfeld kann derselbe Mitarbeiter wahrscheinlich besser arbeiten und erfolgreich sein.

Verkäufer auf dem Level Rot …

- … wollen klar umrissene Aufgaben, die sie dann eigenständig umsetzen können,
- … suchen den Wettkampf mit ihren Verkaufskollegen,
- … erreichen ihre Ziele mit allen Mitteln.

Risiken und Nebenwirkungen auf dem Level Rot

Eine wesentliche Herausforderung auf diesem Level stellt der starke Ich-Bezug dar. Jeder der Mitarbeiter arbeitet für sich. Wissen ist Macht und muss geheim gehalten werden, um nicht zu viele Trümpfe aus der Hand zu geben. Hat einer Ihrer Verkäufer beispielsweise ein neues Argument gefunden, mit dem er Kunden besonders gut überzeugen kann, wird er das seinen anderen Kollegen sicherlich nicht verraten, um seinen Vorteil zu wahren. Diese Eigenbrötelei verhindert allerdings, dass alle voneinander lernen und miteinander besser werden können. Um in Zukunft an solche wertvollen Informationen zu kommen, können Sie zum Beispiel einen Preis für den »Überzeuger des Monats« vergeben. Loben Sie einen Betrag X aus und veröffentlichen Sie dann das jeweils nützlichste Argument, sodass alle Teammitglieder es nutzen können.

Das Wissen teilen, statt Geheimwissen zu horten

Ein weiteres Problem: Im roten Führungsstil werden Mitarbeiter oft nicht entwickelt, sondern eher konditioniert. Positive Ergebnisse werden belohnt, negative bestraft. Diese »Erziehungsmethode« bringt zwar schnelle Erfolge, doch Sie verschenken Poten-

Mitarbeiter entwickeln, statt »Belohnen und strafen«

zial, das durch eine langfristigere Entwicklungsarbeit gehoben werden könnte. Die Lösung: Definieren Sie Entwicklungsstufen, die die Mitarbeiter erreichen können. Auf jeder Stufe müssen diese zusätzliche Aufgaben übernehmen und neue Fähigkeiten erwerben – können aber auch mehr Geld verdienen. So lernen Ihre Mitarbeiter immer weiter dazu. Das gibt den Verkäufern eine längerfristige Perspektive. Gleichzeitig können Sie so noch ein zusätzliches Problem lösen: die hohe Fluktuation in roten Unternehmen. Mitarbeiter, deren Entwicklungsmöglichkeiten in erreichbarer Nähe liegen, sehen eher einen Sinn darin, im Unternehmen zu bleiben. Ihr Know-how und ihre Erfahrung können so bewahrt werden.

Einfache Regeln einführen, um Blau und Rot anzunähern

Eine Herausforderung in roten Vertriebsteams ist allerdings wirklich schwierig zu lösen: Sehr oft ist die Zusammenarbeit zwischen Außen- und Innendienst kompliziert. Der Grund: Im Innendienst sitzen nur selten rote Mitarbeiter. Stattdessen herrschen im Backoffice häufig blaue Werte vor. Die Mitarbeiter halten sich an Abläufe und Regeln und versuchen, möglichst korrekt zu arbeiten. Ein roter Außendienst kann und will die sich daraus ergebenden Bedürfnisse nicht befriedigen. Er will seinen Freiraum behalten und möglichst von niemandem abhängig sein. Der Konflikt ist vorprogrammiert.

Wenn Sie dieses Problem lösen wollen, können Sie in die blaue Trickkiste greifen. Führen Sie ein paar einfache Regeln ein, die der Außendienst dem Innendienst gegenüber unbedingt einhalten muss. Das können zum Beispiel konkrete Fristen sein, innerhalb derer Besuchsberichte oder Reisekostenabrechnungen abgegeben werden müssen. Die Einhaltung wird finanziell belohnt oder bestraft. Achten Sie bei dieser Methode unbedingt darauf, sehr einfache Abläufe zu definieren, und beschränken Sie sich auf einige wesentliche Punkte.

Um die Schwächen des Levels Rot zu reduzieren, …

… bilden Sie auch langjährige Mitarbeiter schrittweise weiter,
… schaffen Sie einfache Kommunikationsregeln zwischen

internen Bereichen und Außendienst und überwachen Sie deren Einhaltung,

… sorgen Sie für einen einfachen Erfahrungsaustausch unter den Kollegen.

Wenn Rot zu sehr wuchert, dämmt Blau den Wildwuchs ein

Eine rote Phase tut einem Vertriebsteam in seinem Entwicklungsprozess gut, um sich von alten purpurnen Beschränkungen zu befreien. Nur in sehr wenigen Branchen eignet sich dieser Verkaufs- und Führungsstil allerdings als dauerhafte Lösung. Der Grund: Die Umsätze sind zu schlecht planbar und auch nicht problemlos zu steuern. Kundenportfolios lassen sich mit dieser Vertriebsstrategie schlecht stabilisieren, weil keine Stammkunden gewonnen, sondern nur schnelle Umsätze realisiert werden. Wenn Sie also Beständigkeit und langfristige Kundenbeziehungen aufbauen wollen und müssen, ist es Zeit für die nächste Stufe.

Level Blau: Pflicht – Struktur – Hierarchie

Bei der Bauboden AG geht es um Qualität. Der Hersteller von Materialien für Industriefußböden legt besonderen Wert auf die fachlich kompetente Betreuung der Kunden. Deshalb gibt es auch keine Verkaufs-, sondern eine Beratungsmannschaft, die Architekten und Planer beim Einsatz der Produkte unterstützt. Genauigkeit spielt beim Einbau von Industriefußböden eine große Rolle, weil jeder Fehler die Produktion des Kunden behindern könnte. Das Team und die Leitung der Bauboden AG agieren auf dem blauen Level und genau da passen sie auch hin.

Wo blaue Werte gefragt sind

Wenn Produkte komplexer werden, sind blaue Werte gefragt. Ordnung, Sicherheit und Kontrolle sorgen dafür, dass möglichst wenige Fehler gemacht werden. Deshalb gibt es im technischen Bereich so viele blaue Unternehmen. Kunden und Anbieter verlangen Qualität und Verlässlichkeit, wenn sie Produkte kaufen, die funktionieren müssen. In Deutschland, dem Land der Ingenieure und Konstrukteure, finden sich zahlreiche Beispiele für Unternehmen mit blauer Kultur, in der Lebensmittelindustrie genauso wie im Maschinenbau und im Automotive-Bereich. Die berühmte Qualität »Made in Germany« basiert in erheblichem Maß auf Pflichtgefühl, Disziplin und der Einhaltung von Regeln – allesamt blaue Werte.

Komplexe Produkte, wachsende Unternehmen, mehr Struktur: besser Blau als Rot

Level Blau spielt aber auch dann eine Rolle, wenn Unternehmen größer oder komplexer werden. Das lässt sich besonders gut beim Vergleich mit roten Organisationen zeigen. In Firmen auf dem roten Level machen oft alle das Gleiche, zum Beispiel verkaufen. Vertriebsfirmen können sich eher die einfache Struktur leisten. Ein Vertriebsleiter führt verschiedene Regionalleiter, diese wachen über ihre Gebietsverkaufsleiter und diese wiederum über die einzelnen Verkaufsmitarbeiter. Ist die Organisation größer, gibt es noch ein paar zusätzliche Ebenen. Aber im Prinzip üben alle Hierarchiestufen die gleichen Aufgaben aus.

In blauen Unternehmen dagegen sind die Strukturen heterogener. Sobald sehr unterschiedliche Aufgaben verwaltet werden müssen, wird auch das Organigramm komplizierter. Die Produktion hat andere organisatorische Anforderungen als das Marketing, der Vertrieb ist international ganz anders aufgestellt als national und so weiter. Diese Komplexität ist nur noch mit Regeln und klar definierten Abläufen zu bewältigen. Blaue Werte müssen her.

Warum es strenge Regeln und Hierarchien braucht

Ein Konzerngigant, wie zum Beispiel die Siemens AG, lässt sich nur noch führen, wenn jeder Mitarbeiter genau weiß, was er zu tun hat. Wer schon einmal ein Unternehmen dieser Größe als Kunden hatte, weiß allerdings auch, wie kompliziert beispielsweise Einkaufs-, Bestell- und Zahlungsprozesse werden, wenn alles bis ins kleinste Detail geregelt ist. Mitarbeiter in blauen Unternehmen müssen sich als Rädchen eines komplizierten Getriebes verstehen. Nur wenn sie korrekt arbeiten und sich an die Vorgaben halten, läuft die Maschine. Jede Abweichung oder Verzögerung lässt den Fortgang stoppen. Hierarchien sind in blauen Firmen streng einzuhalten. Will die Produktion etwas vom

Einkauf, sprechen die beiden Bereichsleiter miteinander. Absprachen auf dem »kleinen Dienstweg« dagegen sind verpönt.

Um blaue Firmen überblicken und führen zu können, wird gemessen und gezählt, was das Zeug hält. Reportings, Listen und Statistiken gehören zum Arbeitsalltag und nehmen manchmal mehr Zeit in Anspruch als das Erreichen des eigentlichen Bereichsziels. Das alles geschieht in dem Bestreben, die Komplexität kontrollierbar zu machen und Sicherheit zu erzeugen. Wissen für sich zu behalten, ist auf dem Level Blau kaum mehr möglich, weil alles in Datenbanken und Tabellen festgehalten wird. Komplizierte, aber auch redundante Datenmassen sind typische Errungenschaften einer blauen Kultur.

Datenmassen: typisch für Blau

Firmen auf dem Level Blau …

… achten auf Qualität und Sicherheit,
… sind geprägt von Regeln und Strukturen,
… halten Hierarchien streng ein.

Kunde und Markt auf dem Level Blau

Wenn Karl Arnold, Produktionsleiter der Käse Bayern GmbH, Maschinen für seine Produktion einkauft, steht das Fachliche an erster Stelle. Da er selbst strengste Qualitäts- und Hygienevorschriften erfüllen muss, erwartet er von seinen Lieferanten, dass diese ihn darin unterstützen – sehr zum Leidwesen des Einkaufs, denn wenn Arnold den einschaltet, ist die fachliche Entscheidung für einen Lieferanten in der Regel schon gefallen. Seine Anforderungen sind einfach zu speziell. Oft kann nur ein einziger Maschinenbauer liefern, was die Käse Bayern GmbH braucht.

Wenn Sie in einem blauen Markt verkaufen, zählt vor allem Kompetenz. Bunte Broschüren und blumige Versprechen aus der Marketingabteilung spielen keine Rolle, wenn Fachleute mit Fachleuten reden. Stattdessen fordern die blauen Kunden Datenblätter, Berechnungen und Referenzen. Denn sie wollen vor al-

Fachkompetenz zählt

lem eins: die richtige Entscheidung treffen. Ihre Aufgabe ist es, ihnen dabei zu helfen. Das Know-how, das Sie als Verkäufer im blauen Markt brauchen, müssen Sie meist über Jahre aufbauen; so komplex ist in der Regel das erforderliche Wissen. Oft bringen Sie schon einen entsprechenden akademischen oder fachlichen Background mit. Je nach Branche zählen auch Titel. Die Kunden erwarten einfach, dass sie von Ingenieuren, Wissenschaftlern oder medizinisch geschultem Personal beraten werden, wenn sie bestimmte Produkte einkaufen.

Die Vertriebsarbeit im blauen Markt ist in der Regel zeitaufwendig und komplex. Leistungsverzeichnisse, Spezifikationen und Machbarkeitsstudien sind die Basis für die meisten Kaufentscheidungen. Sie können Ihre Kunden unterstützen, indem Sie diese vielen Informationen gut strukturieren, übersichtlich präsentieren und übergeben. So kann Ihr Ansprechpartner die verschiedenen Anbieter gegeneinander abwägen.

Wasserdichte Informationen liefern und vertrauenswürdig sein

Wenn Ihr Kundenunternehmen insgesamt überwiegend blau ist, haben Sie wahrscheinlich mit komplizierten Entscheidungsstrukturen und -hierarchien zu kämpfen. Da kann es schon mal etwas länger dauern, bis Sie eine Antwort auf Ihr Angebot bekommen. Den einen Ansprechpartner, der kurz entschlossen »Ja« oder »Nein« sagt, gibt es in so einer Firma eher selten. Liefern Sie wasserdichte Fakten, Referenzen und Qualitätsbeweise, die für Ihr Angebot sprechen, in schriftlicher Form. So stellen Sie sicher, dass alle Beeinflusser und Mitentscheider die relevanten Informationen bekommen.

Neben den fachlichen spielen jedoch auch weiche Faktoren eine Rolle. Trotz aller Sorgfalt und Erfahrung kann bei der Umsetzung komplexer technischer Projekte immer etwas schiefgehen. Deshalb braucht der Kunde das Gefühl, Ihnen vertrauen zu können. Sind Sie in der Lage, Fehler zu beheben und Unklarheiten aus der Welt zu schaffen, wenn es nötig wird? Für den Kunden stehen Sie persönlich als Garant für eine möglichst reibungslose Abwicklung. Zusätzlich prüft er Ihre Glaubwürdigkeit: Stimmen die Versprechungen, die Sie geben? Kann er sich auf Sie verlassen?

Stellen Sie im Verkaufsgespräch Ihre Genauigkeit unter Beweis, indem Sie die Einwände Ihres Gesprächspartners aufnehmen und detailliert klären. Beantworten Sie Fragen genau und ehrlich und prüfen Sie lieber einmal mehr, ob eine Information korrekt ist, wenn Sie nicht ganz sicher sind. Der blaue Kunde misst Sie an Ihrer Zuverlässigkeit und Ernsthaftigkeit. Einem blauen Entscheider gefallen zudem gut strukturierte Gespräche, Tagesordnungspunkte und Protokolle. Im blauen Markt ist es nicht wichtig, ob Sie kontaktfreudig und charmant sind. Im Gegenteil, gerade wenn Sie im menschlichen Kontakt zunächst etwas zurückhaltend sind, erwecken Sie eher den Eindruck, seriös und ernsthaft an die Sache heranzugehen.

Der ideale Verkäufer: zuverlässig, ernsthaft und zurückhaltend

Kunden auf dem Level Blau …

… misstrauen Marketingbroschüren und reißerischen Slogans,
… wollen die richtige Entscheidung treffen und Fehler vermeiden,
… erwarten fachlich kompetente und seriöse Beratung,
… bauen Vertrauen auf, wenn sie zuverlässig und seriös betreut werden.

Verkaufsorganisation und -strategie auf dem Level Blau

Wenn wir in blauen Verkaufsteams Seminare geben, stoßen wir bei den Teilnehmern immer wieder auf eine zentrale Frage: »Wie mache ich es richtig?« Am liebsten hätten sie einen genauen Ablaufplan, in dem nicht nur die eigene Vorgehensweise, sondern auch die Standardantworten des Kunden aufgeführt sind. Dass Gespräche zwischen Menschen sich nicht so einfach planen lassen, ist dann häufig eine frustrierende Erkenntnis.

Wie mache ich es richtig?

Werte wie Ordnung, Sicherheit und Kontrolle stehen in blauen Unternehmen und Verkaufsorganisationen im Vordergrund. Wenn Sie danach streben, möglichst fehlerfrei zu arbeiten und höchste Qualität zu liefern, sind Kontroll- und Steuerungsmechanismen eine gute Hilfe. Indem Sie festlegen, wie Aufgaben zu erledigen sind, sorgen Sie zum Beispiel dafür, dass Angebote immer gleich aussehen und alle wichtigen Informationen enthalten sind. Kundenreklamationen werden nach definierten Regeln erledigt und die Beschwerdegründe im System erfasst. Im Optimalfall landen diese Informationen sogar im Qualitätsmanagement, das ihnen nachgeht und für Verbesserungen sorgt.

Vom Sinn von Regeln und Strukturen

In Ihrer blauen Verkaufsorganisation geht es vor allem darum, korrekt zu arbeiten. Weit mehr als die Verkaufszahlen steht dabei die Qualität der Produkte und Leistungen im Vordergrund. Dabei werden Sie nirgendwo so viele Klagen über Probleme und Fehler hören wie in blauen Unternehmen. Wer hundertprozentige Qualität und fehlerfreies Arbeiten an die erste Stelle setzt, ist kaum jemals zufrieden. Deshalb wird in blauen Unternehmen auch so viel gezählt und gemessen, gewogen und notiert. Regeln und Strukturen sind aber nicht nur eine Notwendigkeit, um die komplexen Aufgabenstellungen in Ihrem Unternehmen und Ihrem Verkaufsteam in guter Qualität abzuwickeln. Sie dienen auch der Orientierung der Mitarbeiter, wie Dinge zu erledigen sind. Menschen auf dem blauen Level arbeiten gerne anhand von Schemata und Vorgaben. Sie geben ihnen Halt und Sicherheit. Und im Zweifel ist die Regel und nicht der Mitarbeiter selbst schuld, wenn etwas schiefgegangen ist.

Die ISO-Zertifizierung – besser als ihr Ruf

ISO-Handbücher gelten als typisch blaue Erfindung. Sie sind, wenn man sie richtig anwendet, nicht nur eine Möglichkeit, Arbeitsabläufe festzuschreiben und so für jeden nachvollziehbar zu machen. Die ständige Überarbeitung der Handbücher sorgt vielmehr dafür, dass Prozesse immer weiter verbessert und optimiert werden. Dass die ISO-Zertifizierung in vielen Unternehmen zu einem reinen Etikett verkommen ist und Panik ausbricht, wenn ein Audit ansteht, ist mehr als schade. Die eigentliche Idee des Qualitätsmanagements ist gut und passt perfekt in blaue Organisationen.

Die Verkaufsorganisation auf dem Level Blau …

… unterstützt das Streben nach Kontrolle über die Komplexität,

… definiert eindeutig den Rahmen durch Stellenbeschreibungen, Prozesse und Regeln,

… fördert eher die Qualität der Produkte und Leistungen als die Steigerung der Absatzzahlen.

Verkäufer führen und entwickeln auf dem Level Blau

In einem Verkaufsseminar, in dem es um die Steigerung der Anzahl von Neukundengesprächen ging, meldete sich ein Teilnehmer zu Wort: »Ich verstehe jetzt, dass wir mehr akquirieren müssen, um unseren Kundenbestand zu stabilisieren. Aber bisher hatte mir das keiner gesagt.« Dieses Statement war stark von blauem Denken geprägt: Was nicht klar definiert ist, existiert auch nicht. Es gibt Aufschluss über die Erwartungen Ihrer blauen Mitarbeiter an Sie als Chef. Blaue Mitarbeiter erfüllen zwar pflichtbewusst und selbstverständlich ihre Aufgaben, sie erwarten aber, dass diese eindeutig und vollständig beschrieben werden.

<aside>Klare Anweisungen von oben sind gefragt</aside>

Als Vorgesetzter werden Sie grundsätzlich aufgrund Ihrer Position in der Hierarchie akzeptiert, denn auch das stellt eine Regel dar. Anders als beim purpurnen Level gehen Anweisungen und Vorgaben jetzt aber nicht mehr von Ihnen als Person aus. Sie gehören vielmehr zum Gesamtsystem, dem Unternehmen. Auch wenn Sie weggehen oder die Position wechseln, bleiben die Regeln bestehen. Oft sind sie sogar festgehalten, z.B. in einem Handbuch. Als Führungskraft sind Sie dennoch dafür verantwortlich, dass die Vorgaben eingehalten werden. Ordentliche Arbeit muss anerkannt und Fehler müssen korrigiert werden. Ihre Mitarbeiter erwarten in diesen Punkten Gerechtigkeit und vor allem Konstanz.

Weiterbildung spielt ab diesem Level eine größere Rolle als bisher. Ihre Mitarbeiter erwarten Unterstützung, um ihre Aufgaben möglichst gut bewältigen zu können. Außerdem schätzen sie Nachweise für die neu erworbenen Fähigkeiten in Form von Zertifikaten, Lizenzen oder Urkunden. In größeren Unternehmen gibt es

<aside>Mitarbeiterförderung in Blau</aside>

vielfältige Qualifizierungsprogramme, die auf blauen Werten basieren. Mitarbeiter nehmen online und in Präsenzseminaren an Ausbildungsreihen teil, um so auf neue Positionen vorbereitet zu werden. »Learning by doing« oder »der Sprung ins kalte Wasser« haben auf dem Level Blau ausgedient.

Wenn ein Mitarbeiter doch einmal aus der Reihe tanzt und seine Aufgabe nicht ordentlich erfüllt, müssen Sie schnell reagieren, damit keine Unruhe im Team entsteht. Jeder »ungesühnte« Fehler kratzt an Ihrer Glaubwürdigkeit als Führungskraft und gefährdet die Motivation der anderen. »Warum muss der sich nicht an die Regeln halten und von uns wird Perfektion verlangt?«, lautet die unausgesprochene Frage, die dann in den Köpfen der Mitarbeiter herumspukt. Finden Sie im Gespräch mit dem Betreffenden heraus, wodurch das Problem entstanden ist. Vielleicht fehlen dem Mitarbeiter Informationen. Oder er weiß nicht, wie er eine Aufgabe ausführen soll, und hat es deshalb falsch gemacht. Definieren Sie in so einem Fall das gewünschte Ergebnis genau und unterstützen Sie Ihren Mitarbeiter so lange, bis dieser es den Vorgaben entsprechend erreicht.

Wenn unterschiedliche Wertelevels aufeinandertreffen

Es könnte natürlich auch sein, dass bei dem betreffenden Mitarbeiter im Job verschiedene Levels aufeinandertreffen. Wenn er zum Beispiel von orangen oder roten Werten geleitet ist, könnte er die blauen Regeln eher als überflüssig und behindernd empfinden. Auf solche Fälle gehen wir in Kapitel 6 in einigen Praxisbeispielen näher ein.

Verkäufer auf dem Level Blau …

… brauchen genaue Aufgabenstellungen und Kompetenzbeschreibungen,

… wollen für neue Aufgaben ausgebildet und angeleitet werden,

… achten auf die Einhaltung von Regeln und erwarten das Gleiche von ihrer Führungskraft,

… erkennen Führung an, erwarten von dieser aber Schutz gegenüber Druck von weiter oben.

Risiken und Nebenwirkungen auf dem Level Blau

Eine »Nebenwirkung« von Level Blau besteht darin, dass Aufgaben eben nur dann erfüllt werden, wenn sie klar definiert sind. Der Blick über den Tellerrand, das heißt das Mitdenken darüber, was sonst noch sinnvoll und zielführend sein könnte, kommt dabei oft zu kurz. In blauen Unternehmen kann das zu »Silodenken« führen. Der Satz »Das ist nicht meine Aufgabe« ist typisch blau. Der Ausweg aus der Misere: Auch Schnittstellen und abteilungsübergreifende Abläufe müssen definiert und kommuniziert werden. Langfristig führt aber kein Weg an einer Weiterentwicklung des Teams hin zu Level Orange vorbei, wenn Sie eigenständige und kreative Köpfe brauchen.

Im Vertrieb kann die fehlende Eigeninitiative zum Problem werden. Mitarbeiter und Teams auf dem Level Blau können zwar genau und sorgfältig arbeiten, bisweilen fehlt ihnen jedoch die Zielorientierung. Im Vertrieb kann das beispielsweise dazu führen, dass die Mitarbeiter zwar bestehende Kunden vorbildlich und aufwendig betreuen, sie sich aber nicht um die Gewinnung neuer Kunden kümmern. Das Problem: Was der Blaue nicht kennt, macht er nicht. Geben Sie deshalb eine präzise Anweisung, wie viele potenzielle Neukunden in welchem Zeitraum angerufen werden sollen. Auch für den genauen Ablauf der Gespräche sollte es eine Anleitung geben. Eventuell hilft ein individuell auf Ihr Team zugeschnittener Gesprächsleitfaden. Fordern Sie dann konsequent die Einhaltung dieser Vorgabe ein und unterstützen Sie die Mitarbeiter dabei, die Gespräche richtig zu führen.

Was der Blaue nicht kennt, macht er nicht

Insgesamt wird es aber eher schwierig sein, blaue Mitarbeiter zu vertrieblichem Denken zu bringen. Im blauen Wertesystem gibt es einfach zu viele innerliche Stoppschilder und Grenzen. Die Mitarbeiter trauen sich kaum, neue Dinge auszuprobieren, weil sie ständig fürchten, etwas falsch zu machen, jemandem auf die Füße zu treten oder Regeln zu brechen. Mit Schulungen, Unterstützung und Ermutigung gelingt allerdings der notwendige Schritt in Richtung Orange.

Die Weiterentwicklung hat Grenzen

Um die Schwächen des Levels Blau zu reduzieren, ...

... definieren Sie auch für Schnittstellen und abteilungsübergreifende Aufgaben Regeln und Abläufe,
... leiten Sie Ihre Mitarbeiter an, Neukundengespräche
zu führen und weitere verkäuferische Aufgaben zu
übernehmen,
... begleiten und kontrollieren Sie die Umsetzung
vertrieblicher Aufgaben.

Mit Orange lernen die Mitarbeiter, alleine zu laufen

Ein typischer Fall
Blau/Orange

Die folgende Situation begegnet uns in unserem Trainings- und
Beratungsalltag häufig: Der Technologie- und Marktführer in einem bestimmten Bereich wird immer mehr von seinen Wettbe-
werbern bedrängt. Diese ahmen die guten Produkte des Markt-
führers gekonnt nach und sind darüber hinaus vertrieblich
aggressiver und stärker als er. So gehen dem ehemaligen Platz-
hirsch schnell die Marktanteile verloren. In dieser Situation werden wir eingeschaltet, damit das Vertriebsteam sich weiterentwickeln und aktiv verkaufen lernen kann. Der nächste Schritt zu
Level Orange ist fällig.

Level Orange: Leistung – Selbstständigkeit – Status

Die Wandlung eines
Außendienstlers

Als wir Andreas Bauer, den Außendienstler eines mittelständischen Herstellers von Bauchemie, zum ersten Mal trafen, erlebten
wir ihn zunächst als sehr vorsichtig und zurückhaltend. Bei einer
Besuchsbegleitung war er nicht in der Lage, das Kundengespräch
aktiv zu führen, weil er es unhöflich fand, den Kunden zu unter-
brechen. Dieser redete allerdings nur aus Verlegenheit, weil der
Außendienstler das Gespräch einfach nicht in die Hand nahm.

Zu diesem Zeitpunkt war Bauer stark von blauen Werten geprägt,
die ihn persönlich, aber auch sein Team bestimmten. Ein Jahr,

zwei Seminare und einige Coachingtermine später ist Andreas Bauer kaum wiederzuerkennen. Er wirkt viel mutiger und aktiver, geht zielorientiert an Kundengespräche heran und hat den Anspruch, potenzielle Abschlüsse auch zu machen. Seine ruhige und seriöse Art hat er beibehalten. Sie kommt ihm in seinem beratungsintensiven Geschäft sehr zugute. Für uns als Trainer ist es eine Freude, ihm zuzusehen. Andreas Bauer hat sich hin zum Level Orange entwickelt.

Auf dem Level Orange kommt der Wettbewerbsgedanke ins Spiel, der schon auf Level Rot eine große Rolle spielte. Der Ich-Bezug steht wieder im Vordergrund – der Mitarbeiter will gut dastehen und etwas für sich erreichen. Das Team kommt nur an zweiter Stelle hinter dem persönlichen Erfolg. Anders als auf Level Rot beherrscht der Mitarbeiter auf Level Orange jedoch die geltenden Regeln und er versteht und respektiert die Gesamtzusammenhänge seines Unternehmens. Während Verkäufer auf Level Rot hohen Umsätzen nachjagen, sind sich orange Verkäufer ihrer Gewinnverantwortung bewusst.

Ich-Bezug? Ja, aber immer nach den Regeln des Spiels

Für orange Unternehmen und Verkaufsorganisationen gibt es zahlreiche Beispiele. Bestimmt kennen auch Sie in Ihrem Umfeld Firmen, die orange Werte wie Gewinnorientierung, Wachstum und Leistung in den Vordergrund stellen. Nach unserer Einschätzung ist im Moment Orange in der deutschsprachigen oder wahrscheinlich sogar zentraleuropäischen Wirtschaft der am stärksten ausgeprägte Level. Die Wahrscheinlichkeit, dass Sie in einer Firma oder Organisation mit stark ausgeprägtem Orangeanteil arbeiten, ist also relativ hoch.

Die auf Level Blau etablierten Regeln werden in Orange genutzt, um Ergebnisse messbar und erreichbar zu machen. Neben den Istwerten werden nun auch Sollwerte festgelegt, die man zur Steuerung des Unternehmenserfolgs einsetzt. Wenn Sie in einer orangen Firma arbeiten, legen Sie Umsatz- und Gewinnziele fest und fordern Ihr Team, um diese Ziele zu erreichen. Wenn das gelingt, verdienen Sie und Ihre Mitarbeiter durch Prämien und Boni gutes Geld. Unter den Erfolgreichen herrscht ein Wettbe-

Ehrgeizige Ziele – attraktive Belohnungen

werb, der sich in Statussymbolen, wie beispielsweise Uhren, Häuser, Reisen und teure Hobbys, ausdrückt. Ihre Firma kann sich sehen lassen. Sie ist modern und repräsentativ eingerichtet. Die IT ist vielleicht nicht von übermorgen, aber doch zumindest von heute. Und wahrscheinlich herrscht ein gewisser Konkurrenzkampf darum, wer die meisten Kilometer, Flugmeilen oder Überstunden vorweisen kann, denn das ist ein scheinbares Anzeichen von Leistung.

Agieren im
Hier und Jetzt Nachhaltigkeit ist in Ihrem Business eher Marketingschlagwort als echtes Ziel. Wer heute erfolgreich sein will, darf sich nicht zu viele Sorgen um morgen machen. Im Erreichen von Ergebnissen und Erfolgen sind Sie und Ihre Mitarbeiter richtig gut. Sie kennen Tricks und Kniffe, um im Wettbewerb die Nase vorn zu haben. Kreativität, Flexibilität und Durchhaltevermögen sind die Stichworte, wenn es darum geht, Kunden zu überzeugen und Geschäfte an Land zu ziehen. Wer den größten Deal macht, wird gefeiert und gleichzeitig beneidet. Ist ein Kollege besonders erfolgreich, spornt das die anderen an, es noch besser zu machen. Willkommen in der orangen Welt.

Firmen auf Level Orange …

… streben nach Gewinn, Leistung und Erfolg,
… werden geleitet durch Ziele und Status,
… agieren kreativ und flexibel, um Kunden zu überzeugen,
… zeigen sich modern, schnell und aktiv.

Kunde und Markt auf dem Level Orange

Gute Konditionen
zählen mehr als
beste Qualität Auch bei Ihren orangen Kunden steht wirtschaftlicher Erfolg an erster Stelle. Wo früher der Fachbereich über die qualitativ beste Lösung entschied, verhandelt heute der Einkauf um die niedrigsten Preise und höchsten Rabatte. Orange Unternehmen optimieren, wo sie können. Um Kosten einzusparen, bekommen Beschaffungsprozesse und Preisverhandlungen eine höhere Bedeutung

als auf den bisherigen Levels. Einkäufer ziehen sich gern auf die für sie bequemste Position zurück: »Alle Anbieter sind gleich. Nur der Preis entscheidet.« Qualitätsunterschiede spielen scheinbar keine Rolle mehr. Verkäufer auf Level Blau bringt so eine Einstellung an ihre Grenzen, weil sie mit ihren sachlichen Argumenten auflaufen. Orange Verkäufer dagegen nehmen die Herausforderung an und werden kreativ.

Um in orangen Unternehmen erfolgreich zu verkaufen, brauchen Sie beides – Strategie und Fantasie. Wenn Sie sich zum Beispiel intensiv mit dem Buying Center* des Kunden auseinandersetzen, können Sie verschiedene Ansprechpartner einbeziehen, um sich zu positionieren. Finden Sie heraus, wer die wirklichen Entscheider sind, ob der Einkauf etwas zu sagen hat oder nur blufft, und wer Sie durch Know-how und Kontakte unterstützen kann. Stärken Sie darüber hinaus Ihren Wert durch wirtschaftliche Beweise, wie die Berechnung der Total Cost of Ownership.** Ist Ihr Angebot in der Gesamtkostenbetrachtung mittelfristig günstiger, können Sie die Entscheider wahrscheinlich trotz höherer Anschaffungskosten überzeugen. Vielleicht ist auch eine Argumentation über den wirtschaftlichen Nutzen der Investition zielführend. Kann Ihr Kunde Zeit, Geld oder Personal einsparen, wenn er sich für Ihr Angebot entscheidet?

Strategie und Fantasie einsetzen

Um im orangen Markt verkaufen zu können, müssen Sie sowohl Ihren Wettbewerb als auch das Umfeld Ihres Kunden so gut wie möglich kennen. Entscheidend ist nicht mehr das Produkt, sondern nur das, was es für Ihren Kunden tun kann. Lässt sich der Return on Investment nicht berechnen oder tritt er erst nach

Marktkenntnis und betriebswirtschaftliches Wissen sind gefragt

---

* Als Buying Center (Einkaufsgremium) eines Unternehmens oder einer Organisation wird eine Gruppe von Personen bezeichnet, die an einer Kaufentscheidung beteiligt ist. (Quelle: Wikipedia)

** Total Cost of Ownership (TCO, Gesamtbetriebskosten) ist ein Abrechnungsverfahren, das Verbrauchern und Unternehmen helfen soll, alle anfallenden Kosten von Investitionsgütern (wie beispielsweise Software und Hardware in der IT) abzuschätzen. (Quelle: Wikipedia)

mehr als drei Jahren ein, haben Sie kaum eine Chance. Deshalb ist auf dem Level Orange neben der Fachkompetenz nun auch betriebswirtschaftliches und strategisches Know-how gefragt, um Kunden zu überzeugen.

Außerdem ist es sinnvoll, sich mit den Aufgabenstellungen des Einkaufs auseinanderzusetzen, wenn dieser Ihr Hauptansprechpartner ist. Einkäufer verfolgen genauso eigene Interessen wie alle anderen am Entscheidungsprozess Beteiligten. Finden Sie deshalb heraus, woran die jeweilige Einkaufsabteilung gemessen wird. Nur selten stehen übrigens Einsparungen auf der Zielvereinbarungsliste, weil diese so schwer zu definieren sind. Stattdessen wird oft die Optimierung der Einkaufsprozesse und des Warenflusses belohnt. Wenn Sie beispielsweise elektronische Bestell- oder Abrechnungsmöglichkeiten anbieten, kann Ihnen das Vorteile in der Lieferantenbewertung bringen. Doch Einkaufsbereiche sind zu unterschiedlich, um Pauschalaussagen zu treffen. Fragen Sie Ihre individuellen Gesprächspartner, wie Sie sie am besten unterstützen können, und finden Sie kundenspezifische Lösungen.

Online statt persönlich? In manchen Branchen gibt es seit einigen Jahren Bestrebungen, das »Menscheln« aus Entscheidungsprozessen herauszuhalten. Einkäufer werden häufiger ausgetauscht, um den Aufbau engerer Bindungen zu verhindern. Zum Teil werden Einkaufsprozesse sogar auf Onlineplattformen verlagert. Ob sich dieser Trend noch weiter ausbreiten wird, ist schwer zu sagen. Immer mehr Firmen erleben, dass ihre Qualität leidet, wenn sie nicht mehr auf das Know-how ihrer Lieferanten zugreifen können. Bei einfachen Produkten spielt das keine Rolle. Diese werden bereits heute vermehrt ohne Beratung verkauft und dieser Trend wird noch zunehmen. Komplexe und beratungsintensive Leistungen dagegen werden weiterhin besser von Mensch zu Mensch verkauft. Unsere These ist, dass das Gespräch zwischen Anbieter und Kunde in Zukunft wieder eine größere Rolle spielen wird – und das spätestens dann, wenn Level Grün in der Wirtschaft stärker in Erscheinung tritt.

Kunden auf dem Level Orange …

… entscheiden auf Basis möglichst objektiver betriebswirtschaftlicher und strategischer Erfolgskriterien,
… legen mehr Wert auf das Erreichen von mittelfristigen Ergebnissen als auf langfristige Qualität,
… wünschen sich proaktive Verkäufer, die wie sie in Prozessen denken.

Verkaufsorganisation und -strategie auf dem Level Orange

Die Datenbanken und IT-Systeme, die in der blauen Phase Ihres Unternehmens entstanden sind, können Sie gut nutzen, wenn Ihr Vertrieb orange wird. Sie müssen allerdings neue Felder definieren, die Sie für Ihre ziel- und ergebnisorientierte Verkaufsstrategie brauchen. Neben dem Umsatz müssen Sie auf Orange auch das Potenzial Ihrer Kunden kennen. Bevor das Lieferdatum eingetragen werden kann, spielt die Abschlusswahrscheinlichkeit eine Rolle, die in einem guten CRM-System ebenfalls erfasst werden kann.

Wichtig: Datenbanken, IT-Systeme, Reporting und Controlling

Reporting und Controlling spielen auf diesem wie auf dem vorherigen Level eine große Rolle. Aber es gibt dabei durchaus Unterschiede: Während die Daten auf Blau zum Messen der Gegenwart genutzt werden (»Ist alles so, wie es sein soll?«), dienen sie jetzt vor allem dem Planen der Zukunft (»Wo wollen wir hin und wie gut sind wir auf dem Weg?«).

Ihre Verkäufer brauchen und möchten keine genauen Anweisungen mehr, wie sie Aufgaben erfüllen sollen. Ihnen reichen Ziele und Ergebnisse, die sie eigenständig erreichen können. Den Weg dorthin bestimmen und gestalten sie lieber selbst. Deshalb brauchen Ihre Mitarbeiter im orangen Umfeld anspruchsvolle Arbeitsfelder und dazu passende großzügige Kompetenzspielräume.

Freiraum und Belohnung für gute Leistung

Leistung sollte auf Level Orange wieder belohnt werden. Die Bezahlungsmodelle müssen jedoch komplexer und vielfältiger als auf dem roten Level sein. Da orange Mitarbeiter auch bereit sind, Verantwortung für gute Unternehmensergebnisse zu übernehmen, sind zum Beispiel Bonussysteme sinnvoll, die attraktive Gewinnmargen und langfristige Zuwächse unterstützen. Belohnen Sie neben finanziellen auch ideelle Ziele. So können Sie Ihre Mitarbeiter beispielsweise motivieren, Innovationen voranzutreiben oder größere Projekte umzusetzen. Wichtig ist, dass die Bonusmodelle logisch und nachvollziehbar die Ziele des Unternehmens unterstützen, da sie sonst von den Mitarbeitern nicht ernst genommen und eventuell sogar missbraucht werden.

Sorgen Sie ansonsten dafür, dass unnötige Verwaltungsaufgaben abgeschafft werden, und kreieren Sie schlanke Prozesse. Ihre Mitarbeiter wollen verkaufen und erfolgreich sein. Schaffen Sie den Freiraum dafür, dass sie das können.

Die Verkaufsorganisation auf dem Level Orange …

… schafft Handlungsspielräume für eigenständige, unternehmerisch denkende Mitarbeiter,

… gibt Ergebnisse vor, lässt aber Spielraum, wie diese erreicht werden können,

… belohnt die Leistung des einzelnen Mitarbeiters und orientiert sich dabei an sinnvollen Unternehmenszielen.

Verkäufer führen und entwickeln auf dem Level Orange

Der ideale orange tickende Vorgesetzte Stefan Ankermann ist der beste Verkaufsleiter, den das Vertriebsteam der Rödel Logistik GmbH je hatte. Sein Motto: »Solange Ihre Umsätze stimmen, interessiert mich nicht, was Sie machen. Erst wenn es Probleme gibt, schauen wir zusammen, wo Sie ansetzen können.« Zu dieser Aussage steht er. Mitarbeiter, die eigenständig und erfolgreich verkaufen, haben einen weiten Handlungsspielraum und können agieren, wie sie wollen. Weiß ein Verkäufer nicht weiter, kann er sich jederzeit an Ankermann wenden und bekommt Rat und Unterstützung. Ankermann sieht sich dabei weniger als Lehrmeister, sondern vielmehr als Coach. Er stellt ratlosen Mitarbeitern viele Fragen und so kommen sie mit seiner Hilfe oft selbst auf die Lösung. Sein Ziel dabei: Er will, dass seine Leute auch in Problemsituationen lernen, lösungsorientiert und kreativ zu denken. In Zukunft sollen sie immer öfter allein auf Ideen kommen und proaktiv handeln.

Bei regelmäßigen Besuchsbegleitungen macht sich Stefan Ankermann ein Bild von den praktischen Verkaufsfähigkeiten seiner Mitarbeiter. Manchmal fällt es ihm schwer, sich in diesen Situationen zurückzuhalten. Dann übernimmt er schon mal die Gesprächsführung, wenn sein Mitarbeiter nicht aktiv genug auftritt. Doch meistens lässt er den Verkäufer agieren, beobachtet ihn aufmerksam und gibt hinterher konkrete Tipps zur Verbesserung. Ein- bis zweimal im Jahr bekommt das Team Unterstützung durch einen externen Verkaufstrainer. Auch diese Meetings bringen jedes Mal eine kleine Verbesserung. Insgesamt ist Ankermann mit der Entwicklung seiner Mannschaft sehr zufrieden. Und die beiden »Pappnasen«, die nicht mitziehen wollen, bekommt er bestimmt auch noch in den Griff.

Orange Verkäufer bewegen sich in einem komplexen Umfeld. One-2-one-Verkauf kommt in dieser Welt kaum noch vor. Stattdessen verhandeln sie mit vielen verschiedenen Ansprechpartnern und müssen unterschiedlichste Interessen unter einen Hut bringen. Um diesen Herausforderungen gewachsen zu sein, müssen sie Verkaufs- und Verhandlungsgespräche beherrschen. Fast noch wichtiger ist aber, dass sie lernen, strategisch und lösungsorientiert zu denken. Als Führungskraft und Vorbild können Sie Ihr Team darin unterstützen.

Coaching durch den Boss für orange Mitarbeiter

Stellen Sie sich als Sparringspartner zur Verfügung und stellen Sie zielführende Fragen, mit denen Sie Ihren Mitarbeiter auf den richtigen Weg bringen, zum Beispiel: Wer ist alles an der Entscheidung beteiligt? Wer ist Befürworter und wer Gegner? Wer muss noch überzeugt werden? Was spricht für und was gegen das Angebot? Wie können Risiken abgeschwächt und Stärken betont werden? Was steht einer Entscheidung noch im Weg? Wie kann dieses Hindernis umgangen oder beseitigt werden? Bitten Sie Ihren Mitarbeiter, diese und ähnliche Fragen zu beantworten, bevor er zu Ihnen kommt. Oft wird sich das Problem schon dadurch lösen. Wenn nicht, ist er dank dieser Vorbereitung in der Lage, Ihnen die Situation konkret und durchdacht zu schildern, sodass Sie konkrete Tipps geben und Vorschläge machen können.

Keine Kritik ohne Lösungsansätze Typisch orange Führung bedeutet auch: »Meckern ist nicht!« Haben Mitarbeiter Kritikpunkte, dürfen sie diese gerne anbringen – allerdings nur, wenn sie sich vorher bereits über Lösungsvarianten und deren Kosten und Umsetzung Gedanken gemacht haben. Auch so trainieren Sie als Führungskraft lösungs- und umsetzungsorientiertes Denken und halten sich nebenbei Zeitdiebe vom Hals.

Wenn Ihr Team durch diese minimalen Unterstützungsmaßnahmen gut aufgestellt ist, haben Sie mit dem Thema Führung nicht mehr viel zu tun. Wie Unternehmer organisieren und bewegen Ihre Mitarbeiter sich dann selbstständig im Markt. Belohnen und loben Sie Erfolge und greifen Sie nur ein, wenn ein Mitarbeiter aus der Reihe tanzt. Und lassen Sie Ihre Leute ansonsten in Ruhe arbeiten.

Verkäufer auf dem Level Orange …

… handeln eigenständig und wünschen nur wenig Einmischung durch Führungskräfte,
… profitieren von praxisorientierten Coachinggesprächen und Seminaren,
… erwarten Lob und Belohnung für gute Leistungen.

Risiken und Nebenwirkungen auf dem Level Orange

Wie man Schaumschläger enttarnt In orangen Organisationen treffen Sie oft auf »Dampfplauderer«, die sich gut verkaufen können, auch wenn manchmal nicht viel dahinter steckt. Da sie sich gekonnt ausdrücken, ist schwer zu durchschauen, wer wirklich etwas kann und wer nur blufft. Das kann besonders in Problemsituationen und bei Einstellungsgesprächen schwierig werden. Sie können aber hinter die Fassade schauen, indem Sie hartnäckig nachfragen und auf Konkretisierung pochen. Fragen wie »Wie genau haben Sie das gemacht?«, »Was konkret würden Sie in dieser Situation tun?« oder »Was exakt sagen Sie, wenn Sie ein Kunde fragt?« bringen mehr Klarheit. Wenn Ihr Gesprächspartner wirklich das draufhat, was er vorgibt, kann er diese Fragen beantworten. Wenn nicht, haben Sie einen typischen Blender vor sich, der mit Vorsicht zu genießen ist.

Es gibt aber ein weit schwerer wiegendes Problem, das auf Orange stärker als auf den bisherigen Levels in Erscheinung tritt. Arbeitsüberlastung bis hin zum Burnout oder zur Belastungsdepression ist erst durch die immer stärkere Leistungskultur zu einem gesellschaftlich relevanten Thema geworden. Das heißt nicht, dass es nicht auch andere Ursachen für totale Überforderung geben kann. Fakt ist aber, dass Burnout heute ein allumfassendes Thema ist. Wir kennen fast alle von Burnout betroffene Menschen oder haben es im schlimmsten Fall sogar selbst erlebt. Ständige Erreichbarkeit und das Streben nach »Schneller, höher, weiter und immer mehr« geht auf Kosten der psychischen und physischen Gesundheit. Wer keinen Ausgleich zu Job und Karriere hat, läuft oft in die seelische und körperliche Sackgasse. Erst wenn andere Werte wieder an Bedeutung gewinnen, gibt es eine Chance, dieser Spirale zu entfliehen. Ist Level Grün ein Ausweg?

Die totale Erschöpfung als Folge oranger Leistungskultur

Zehn Köpfe wissen mehr als einer – Level Grün bringt Synergie und Bewusstsein ins Spiel

Wenn jeder für sich allein kämpft, fehlen Synergieeffekte. Jeder versucht, auf eigene Faust besser zu werden, doch der Knowhow-Transfer kommt bei dieser Herangehensweise oft zu kurz. In den letzten Jahren wächst ein neues Bewusstsein heran, das auch die ersten Firmen und Abteilungen erreicht. Gemeinsam wissen wir mehr, können besser aufeinander achten und miteinander Größeres erschaffen. Level Grün kehrt sich von der starken Ergebnisorientierung und dem Streben nach immer besseren

Leistungen ab und wendet sich stattdessen der Gemeinschaft, dem Austausch und der Verantwortung zu.

Level Grün: Partizipation – Toleranz – Fairness

Grüne Werte: Beteiligung und gemeinsame Entscheidungsfindung

Das Institut für werteorientierte Weiterbildung GmbH ist in einem Schulhaus aus dem 19. Jahrhundert untergebracht. Alte Holzböden und knarrende Treppen sorgen schon beim Betreten des Hauses für eine behagliche Atmosphäre. Im Treppenhaus hängen Plakate und Flipcharts, die die 43 Mitarbeiter in Workshops gemeinsam erarbeitet haben. Sie sollen regelmäßig an die selbst definierten Ziele und Spielregeln erinnern. Und nicht nur die Mitarbeiter legen Wert auf Konsens und Partizipation.

Auch der Geschäftsführer des Instituts, Stefan Beekmann, lebt diese grünen Werte vor. Er bezieht seine Führungsmannschaft generell in die Diskussion ein, wenn es um strategische und operative Entscheidungen geht. Sein Ziel: Einigkeit. Natürlich ist es nicht immer einfach, alle Führungskräfte unter einen Hut zu bekommen, aber Beekmann weiß genau, wenn alle Argumente einbezogen und alle Bedenken bearbeitet werden, entstehen die besten und nachhaltigsten Lösungen. Wenn Beekmann sich mit Geschäftsführern anderer Unternehmen austauscht, stößt er manchmal auf Verwunderung. Dort herrscht vielfach der Glaube vor, dass am Ende doch immer der Chef entscheidet. Beekmann lehnt diese Vorgehensweise für sich kategorisch ab, denn er lebt eine feste Überzeugung: Wenn alle hinter einem Beschluss stehen, wird dieser auch schnell und mit hohem Engagement umgesetzt. Die Geduld, die diese Vorgehensweise zeitweise erfordert, zahlt sich nach seiner Erfahrung langfristig immer aus.

Veränderungsdruck von unten nach oben

Wir beobachten zurzeit in vielen Firmen eine Entwicklung von Orange nach Grün. Diese geht allerdings selten von der Führung aus. Während die Entwicklungsschritte auf den vorherigen Levels oft von oben angestoßen wurden, sorgen jetzt einzelne Bereiche oder sogar die Mitarbeiter selbst für Veränderungsdruck.

Ein Thema, das diesen Wunsch nach Veränderung auslöst, ist zum Beispiel die ständige Erreichbarkeit durch Mobilgeräte. Immer mehr Mitarbeiter fragen sich: »Muss ich tatsächlich Tag und Nacht reagieren, wenn Kunden und Vorgesetzte etwas von mir wollen?« Auch das fortlaufende Wachstum, das die meisten Firmen anstreben, wird immer mehr infrage gestellt: »Ist es tatsächlich machbar und überhaupt notwendig, jedes Jahr mehr zu produzieren und zu verkaufen?« Diese Diskussion, die auch in der Gesellschaft stärker wird, führt dazu, dass immer mehr Mitarbeiter anders arbeiten und stärker einbezogen werden wollen. 82 Prozent der jungen Mitarbeiter zwischen 23 und 35 Jahren finden es beispielsweise wichtig bis sehr wichtig, ihre Ideen in den Job einbringen zu können.[16]

Dieser Trend wird von der »neuen« Generation Y vorangetrieben. Zwischen 1977 und 1998 geboren, steigen die ersten Vertreter dieser Generation gerade in Führungspositionen auf. Viele sind nach Schule, Ausbildung und Studium voll im Berufsleben angekommen und beeinflussen durch ihre Vorstellungen, wie in Firmen gedacht und gearbeitet wird. Die Jugendforscher Klaus Hurrelmann und Erik Albrecht sagen dazu: »Die Generation Y hinterfragt bislang scheinbar eherne Grundsätze in Arbeit, Politik, Familie und Freizeit. (…) Arbeit ist für Generation Y immer auch Selbstentfaltung. Sie wollen mit Freude und Leidenschaft arbeiten, aber sie wollen auch weiterhin gut leben. Sich mit Haut und Haaren ihrer Arbeit verschreiben und das persönliche und gesellige Leben darüber hintanstellen – das ist nicht in ihrem Sinne.«[17]

Was die Generation Y vom Berufsleben erwartet

Im klassischen leistungs- und hierarchiegetriebenen Arbeitsumfeld spielen die jüngeren Mitarbeiter einfach nicht mehr mit. Ein weiteres Beispiel für diesen Trend: Immer mehr Väter nutzen die Chance, in Elternzeit zu gehen oder sich an der Kinderbetreuung zu beteiligen, indem sie Teilzeit arbeiten.

In der Unternehmensorganisation sind vor allem die Personalabteilungen Treiber grüner Werte. Gesundheitsmanagement spielt in größeren Firmen eine zunehmend wichtigere Rolle. Weiter-

Die Schwerpunkte grüner Personalarbeit

bildung wird nicht mehr mit der »Gießkanne« verteilt, sondern auf persönliche und individuelle Entwicklungsprozesse zugeschnitten. In langfristige Prozesse zur Umsetzung von Unternehmensleitbildern und Strategien werden, vielfach auf Anregung des Personalbereichs, Mitarbeiter miteinbezogen. Der Grundsatz »Betroffene zu Beteiligten machen« wird so zum Leben erweckt.

Wenn Sie sich und Ihre Werte auf dem vorherigen Level Orange wiedergefunden haben, klingt diese Beschreibung von grünen Workshops und Diskussionsrunden vielleicht nach »Ringelpiez mit Anfassen« oder »Selbsthilfegruppe«. Die Vorgehensweise mag auf Sie umständlich und wenig zielführend wirken. Doch grüne Teams können noch schlagkräftiger sein als orange. Der Grund: Grüne Teams nutzen Synergien besser, tauschen Knowhow aus und leben Best Practice. Gemeinsam unterstützen sie sich dabei, noch besser zu werden, während auf Orange jeder im eigenen Erfolgssaft schmort.

Wie ein echtes grünes Unternehmen funktioniert

Allerdings gibt es nicht viele Unternehmen, die von der Führung bis zur Mannschaft grüne Kultur leben. Oft strebt das oberste Management noch nach Gewinn und Selbstbehauptung, während das Team sich bereits mehr Mitspracherecht und Einbeziehung wünscht. Diese Diskrepanz erleben wir oft in unseren Seminaren. Doch es gibt auch hier Ausnahmen. So gehört VAUDE, ein süddeutscher Hersteller von Outdoorbekleidung und -equipment, zu den wenigen größeren Unternehmen, die bereits grün geführt werden. Für das Führungsteam rund um die Inhaberin Antje von Dewitz sind Familienfreundlichkeit, ökologische Verantwortung und der respektvolle Umgang mit Menschen und der Umwelt nicht nur theoretische Unternehmenswerte. Es lebt diese auch.

Die Firma strebt an, Europas ökologischster Outdoorausstatter zu werden, und ist auf einem guten Weg, dieses Ziel auch zu erreichen. Ökologisches Verhalten wird nicht nur in der Produktion, sondern auch bei den Mitarbeitern unterstützt. So gibt es zum Beispiel zahlreiche überdachte Fahrradparkplätze, während die Autoparkplätze demnächst weitgehend abgeschafft werden. In einem firmeneigenen Kindergarten wird der Nachwuchs der Belegschaft betreut. Angesichts solcher Beispiele stellt sich natürlich die Frage nach der Motivation: Warum macht eine Firma so etwas? Welche Werte stecken dahinter?

Nachhaltigkeit ist in grünen Unternehmen nicht mehr nur ein Schlagwort, sondern Zielsetzung und Anspruch. Fairness und Wertschätzung gegenüber Mitarbeitern, Kunden und Lieferanten werden vor den schnellen Gewinn gestellt. Grüne Unternehmen wollen und müssen, wie alle anderen auch, dennoch gewinnorientiert arbeiten. Antje von Dewitz sagt dazu in einem Zeitungsinterview: »Das Unternehmen muss wirtschaftlich erfolgreich sein, um nachhaltig wirtschaften zu können – und andersherum.«[18]

Nachhaltigkeit als Zielsetzung und Anspruch

Firmen auf dem Level Grün …

- … beziehen ihre Mitarbeiter in Veränderungsprozesse und Diskussionen ein,
- … legen Wert auf Nachhaltigkeit, Fairness und Verantwortung,
- … setzen auf Beteiligung und Identifikation statt auf Anweisungen von oben.

Kunde und Markt auf dem Level Grün

Im Moment werden Sie noch selten mit »rein« grünen Kundenunternehmen in Berührung kommen. Wesentlich wahrscheinlicher ist, dass Sie mit grünen Abteilungen, Organisationsstrukturen oder Entscheidungsprozessen konfrontiert werden. Wenn Kunden über große, komplexe Projekte sprechen, wenn individuelle Lösungen gefunden werden müssen oder wenn es um grundsätzliche Entscheidungen geht, werden viele Beteiligte an einen Tisch geholt. Fachleute auf Kunden- und Lieferantenseite diskutieren und überlegen dann gemeinsam, um die beste Lösung zu finden.

Projektgruppen sind oft eine Ausprägungsform grüner Kultur. In einem Pharmaunternehmen wurde beispielsweise eine Projektgruppe gebildet, um die Ausbildung der Verkaufs- und Regionalleiter neu zu gestalten. In der Gruppe arbeiteten Verkaufsleiter, Personalentwickler und Assistenten mit, um gemeinsam ein Weiterbildungsprogramm auf die Beine zu stellen, das allen Beteiligten möglichst gerecht wird. Gemeinsam mit uns als Anbieter suchten wir in Konzeptionsworkshops und Besprechungen nach der richtigen Vorgehensweise. Die Strategie ging auf. Das Projekt wurde ein großer Erfolg und brachte uns am Ende sogar einen Trainingspreis ein.

In anderen Firmen arbeiten interdisziplinäre Teams zum Beispiel an der Entwicklung neuer Produktionslinien oder sie suchen nach Ansatzpunkten für Kosteneinsparungen. Als Lieferant haben Sie gute Chancen, wenn Sie frühzeitig in solche Gremien einbezogen werden. Das dafür nötige Vertrauen zum Kunden müssen Sie allerdings lange vorher aufbauen – und das geht nur durch Offenheit und Fairness. Wenn Sie schon in früheren Verhandlungen gezeigt haben, dass Geben und Nehmen für Sie gleichermaßen wichtig sind und dass Sie nach echten Win-win-Lösungen suchen, statt sich mit schnellen Kompromissen zufriedenzugeben, haben Sie Aussicht auf Erfolg.

Mit dieser Arbeitsweise ist für Sie als Anbieter auch eine große Herausforderung verbunden. Sie müssen einen guten Überblick über die vielen Beteiligten haben und wissen, wie Sie sie am besten erreichen. Oft finden Entscheidungsprozesse fernab Ihrer Reichweite statt. Wenn Sie schließlich doch vor ein Entscheidungsgremium gebeten werden, ist es wichtig, den Dialog zu suchen. Nutzen Sie Sitzungen mit potenziellen Kundenunternehmen, um viele Informationen über die verschiedenen Bedürfnisse und Entscheidungskriterien zu bekommen. Signalisieren Sie, dass Sie flexibel sind und individuelle Lösungskonzepte anbieten können. Zeigen Sie sich als guter Partner für ein gemeinsames Projekt. Auf diesem Level geht es nicht mehr darum, Produkte zu verkaufen, sondern Lösungen zum besten Kundennutzen zu entwickeln.

Im Moment erleben wir in unseren Kundenfirmen oft noch Mischformen aus Orange und Grün. Ein Innendienstteam wurde beispielsweise von seinem Chef beauftragt, für sich selbst ein Weiterbildungsprogramm zu gestalten und einen passenden Trainer auszusuchen. Die Kolleginnen gaben sich große Mühe, fragten verschiedene Anbieter an und ließen diese zu ausführlichen Vorgesprächen anreisen. Dann diskutierten sie lange und immer wieder über die richtige Lösung, wagten es aber letztendlich nicht, eine Entscheidung zu treffen. Am Ende wurde der Chef ungeduldig und sprach ein Machtwort. Er engagierte seinen Stammtrainer, den sein Team eigentlich ausgeschlossen hatte. Der grüne Ansatz war mangels Übung gescheitert. Der orange Chef hatte gesiegt.

Mischformen sind möglich

Kunden auf dem Level Grün …

… beziehen viele Stimmen in ihre Entscheidungsprozesse ein,

… brauchen Anbieter, die wirklich partnerschaftlich und fair arbeiten wollen,

… kaufen keine Produkte, sondern Lösungen, und nehmen sich dafür Zeit.

Verkaufsorganisation und -strategie auf dem Level Grün

Für Verkäufer eröffnen sich ganz neue Perspektiven, wenn sie endlich anfangen, wirklich mit ihren Kollegen zu sprechen. Während auf Orange jeder Verkäufer sein Know-how und damit seinen Wettbewerbsvorteil gegenüber den Kollegen schützt, steht auf Grün Kooperation im Vordergrund. Wir begleiten Vertriebsteams oft in solchen Phasen. Das erste Seminar, in dem der Erfahrungsaustausch untereinander gefördert wird, ist in der Regel ein echtes Aha-Erlebnis für die Beteiligten. Es kommt zu erstaunlichen Statements wie: »Mir war nicht klar, dass wir alle dieselben Probleme haben« oder »Es ist toll zu erfahren, dass manche Kollegen schon Lösungen für Herausforderungen gefunden haben, die mich bereits lange beschäftigen«. Ausnahmslos wünschen

Der erste Schritt: den Erfahrungsaustausch untereinander fördern sich die Teams nach diesem Workshop mehr Gelegenheiten für kooperative Teamrunden.

Für Sie als Verkaufsleiter ist es eigentlich ganz einfach, Gelegenheiten zum Voneinander-Lernen zu schaffen. Rufen Sie regelmäßige Verkaufsmeetings ins Leben, die nur dem Erfahrungsaustausch gelten. Die Kollegen können sich dort mit einzelnen Kundenproblemen oder Dauerbaustellen zu Worte melden und bekommen Hilfe und Anregungen von den Kollegen. Dazu müssen die Beteiligten noch nicht einmal reisen. Ein Jour fixe in einem virtuellen Konferenzraum ist fast genauso ergiebig, aber weniger aufwendig als eine persönliche Sitzung.

Regeln und Tipps für den Erfahrungs-austausch Gerade zu Beginn ist es allerdings notwendig, dass ein Moderator die Sitzung mit lösungsorientierten Fragen leitet, damit sie nicht zum gemeinsamen Jammermarathon ausartet. Diese Person kann aus der Gruppe selbst kommen. Wenn alle wissen, wie es läuft, kann die Gruppenleitung wechseln.

Nützliche Fragen sind zum Beispiel:

- »Wer hat ein Erfolgserlebnis zu verzeichnen, von dem wir alle lernen können?«
- »Was genau hat dabei zum Erfolg geführt?«
- »Welche Best-Practice-Ideen können wir daraus generell ableiten?«

Wenn Problemsituationen besprochen werden sollen, eignen sich diese Fragen:

- »Wie sieht das Problem genau aus?«
- »Welche Lösungsansätze hat der Verkäufer schon ausprobiert, die nicht geklappt haben?«
- »Wer hatte schon einmal einen ähnlichen Fall und konnte diesen lösen? Wie?«
- »Welche weiteren Lösungsideen gibt es aus der Gruppe?«

Bei der letzten Frage ist es wichtig, die Ideen nur zu sammeln und nicht darüber zu diskutieren, ob die einzelne Idee richtig oder falsch ist. Je mehr Ideen zusammenkommen, desto wahrscheinlicher ist es, dass eine brauchbare darunter ist. Verfrühte Diskussionen führen nur dazu, dass Ideen abgewürgt werden, obwohl sie im Einzelfall vielleicht sinnvoll sein können.

Damit Ihr Verkaufsteam besser zusammenwächst und sich die Kollegen gegenseitig weiterbringen können, ist es wichtig, den Wettbewerb untereinander zu reduzieren. Ranglisten und Einzelboni unterstützen eher das Einzelkämpfertum. Führen Sie deshalb lieber einen Teambonus ein. Um diesen zu erreichen, müssen sich alle Teammitglieder gegenseitig unterstützen. In diese Teamprovision können dann auch Innendienstmitarbeiter, Produktfachleute und andere Bereiche miteinbezogen werden. Alle, die am Verkaufserfolg mitarbeiten, werden auch belohnt. Das stärkt das Miteinander sogar interdisziplinär.

Teamgeist stärken über gemeinsamen Bonus und kreative Zusammenarbeit

Ihr grünes Verkaufsteam ist nicht nur gut darin, sich gegenseitig zu helfen. Gemeinsam entwickelt es innovative Verkaufsstrategien und erobert neue Märkte. Niemand sonst ist schließlich so nah am Kunden, kann dort Fragen stellen und lernen und so neue Strategien entwickeln. Wenden Sie sich mit strategischen Herausforderungen ruhig an Ihre Mitarbeiter. Sie werden erstaunt sein, wie viele Ideen dort zu holen sind. Und wenn Sie die Arbeit nicht selbst erledigen wollen, gründen Sie eine Projektgruppe, die das Thema weiterverfolgt.

Die Verkaufsorganisation auf dem Level Grün ...

... fördert den Austausch der Mitarbeiter untereinander,
... belohnt Zusammenarbeit und gegenseitige Hilfe,
... bildet Synergien, um gemeinsam erfolgreicher zu werden.

Verkäufer führen und entwickeln auf dem Level Grün

Ihre grünen Verkäufer wollen sich nicht mehr sagen lassen, was sie zu tun haben. Diese Unabhängigkeit haben sie sich schon auf Level Orange angeeignet und führen sie jetzt fort. Im Gegensatz zum vorherigen Level, bei dem jeder sich selbst der Nächste war, suchen sie jedoch jetzt durchaus das Gespräch, um sich zu entwickeln.

Neue Rolle: die Führungskraft als Coach und Sparringspartner

Um Ihre Mitarbeiter weiterzubringen, sind Coachinggespräche die richtige Methode. Coaching bedeutet: den anderen dabei unterstützen, eigene Lösungen zu finden. Als Chef geben Sie also keine Anweisungen oder machen Vorschläge, sondern Sie fragen, hören zu und lassen Ihren Mitarbeiter selbst auf Ansatzpunkte kommen. Natürlich dürfen Sie Ihre Erfahrungen ebenfalls einbringen, aber am Ende entscheidet der Mitarbeiter, was er ausprobieren wird. Sie verlassen damit die klassische Führungsrolle, die bestimmt, wo es langgeht, und werden stattdessen Sparringspartner auf Augenhöhe.

Außer mit der fachlichen Kompetenz müssen Sie sich auf Level Grün auch mit der Persönlichkeit und dem Umfeld Ihrer Mitarbeiter auseinandersetzen. Während Sie auf Level Orange vielleicht gefragt haben: »Wie schaffen wir es, dass der Verkäufer seinen Umsatz bringt, auch wenn er jetzt eine Familie hat?«, müssen Sie sich jetzt diese Frage stellen: »Wie kann ich meinen Mitarbeiter unterstützen, damit er Familie und Job gut unter einen Hut bringt?«

Mitarbeiter individuell fördern und einsetzen

Ebenso wird es wichtiger, Aufgabenbereiche typ- und stärkengerecht zu definieren. Ihre Teammitglieder haben dann nicht mehr zwingend alle die gleichen Themen zu bearbeiten. Ein Kollege kümmert sich beispielsweise eher um Zahlen und Reportings, weil darin seine besondere Stärke liegt. Ein anderer widmet sich dem Aufbau von Netzwerken und taucht bei den wichtigen Branchenverbänden auf, weil er der Kontaktfreudigste aus dem Team ist. Wenn Sie Ihr Verkaufsteam optimal grün führen, nutzen Sie nicht nur die Potenziale Ihrer Mitarbeiter bestens aus. Sie sorgen auch für ihre Identifikation mit dem Team und dem Unternehmen, stärken ihre Loyalität und senken damit die Fluktuation.

Verkäufer auf dem Level Grün …

- … erarbeiten gerne mit Ihrer Unterstützung eigene Problemlösungen,
- … schätzen individuelle Aufgabenbereiche, in denen sie ihre Stärken ausleben können,
- … definieren Hierarchien neu und sehen sich als Partner auf Augenhöhe mit ihren Vorgesetzten,
- … setzen ihre Prioritäten in Beruf und Privatleben autonom und erwarten dabei Ihre Unterstützung.

Risiken und Nebenwirkungen auf dem Level Grün

Mit einem orangen Auge haben Sie es bestimmt schon gesehen: Der grüne Level birgt einige Risiken. Natürlich kann der Wunsch, alles zu diskutieren und sich an jeder Entscheidung zu beteiligen, auch ausarten. Dann gibt es zu jeder Kleinigkeit ein Meeting und Entwicklungen dauern ewig. Doch auf jedem neuen Level bleiben die Fähigkeiten der vorherigen Phasen erhalten. Nutzen Sie deshalb beispielsweise die orange Zielorientierung, um Prioritäten zu setzen, über welche Fragen im Gesamtteam diskutiert werden muss. Oder führen Sie blaue Regeln ein, mit denen weniger wichtige Themen zügiger entschieden werden können. Definieren Sie zum Beispiel eine feste Sitzungsstruktur: drei Minuten, um die Fragestellung zu präsentieren, zehn Minuten für Diskussion und Ideensammlung, zwei Minuten für Abstimmung und Umsetzungsplanung. So können Sie kurze Themen in einer Viertelstunde bearbeiten.

Die Instrumente früherer Levels nutzen

Ein weiterer Punkt ist, dass Diskussionen, Sitzungen und Workshops natürlich zunächst mehr Zeit kosten als einsame Beschlüsse von oben. Doch diese Zeit ist gut investiert. Gemeinsam entwickelte Ideen sind in der Regel besser durchdacht und damit nachhaltiger. Außerdem arbeiten die Beteiligten von Anfang an bereitwillig an deren Umsetzung mit, statt zunächst mit dem Sinn und Unsinn der von oben getroffenen Entscheidung zu hadern. Das kostet erfahrungsgemäß wesentlich mehr Zeit, Energie und Engagement als die gemeinsame Lösungsfindung.

Mit den orangen Grenzen kreativ umgehen Daneben macht ein weiterer Aspekt die Arbeit mit einer grünen Vertriebsstruktur schwierig. Selbst wenn Sie sich entwickelt und verstanden haben, dass Sie mit Grün langfristig erfolgreicher sind, stoßen Sie eventuell auf den oberen Ebenen immer noch an orange Grenzen. Gerade im obersten Management hält sich die Kultur des Gewinnstrebens, der Shareholder-Values und der kurzfristigen Erfolge recht hartnäckig. Wenn Sie sich dessen bewusst sind, können Sie nach oben weiterhin orange kommunizieren. Nutzen Sie die vorhandenen Kennzahlen, um die Erfolge Ihrer Teams auszuweisen, und behalten Sie den kooperativen Weg dorthin einfach für sich.

Es könnte Probleme geben, wenn Ihre Zahlen sich nicht so schnell entwickeln, wie der Quartalsbericht es erfordern würde. Präsentieren Sie dann gleich eine Lösungsstrategie mit Maßnahmenplan, um die Gemüter zu beruhigen. Wenn Sie langfristig mit Ihrer Vorgehensweise erfolgreich sind, wird Sie Ihre Führungskraft zunehmend in Ruhe lassen. Möglicherweise können Sie dann sogar nach und nach das Geheimnis Ihres Erfolgs lüften und für etwas mehr grüne Führung auch im Topmanagement werben.

Die Auflösung traditioneller Strukturen – beweglicher und innovativer auf Level Gelb

Bisher haben wir uns mit unseren Beschreibungen noch immer im klassischen Unternehmensumfeld bewegt. Die Hierarchien werden in der grünen Kultur zwar flacher, aber sie sind noch immer vorhanden. Das macht große und mittlere Unternehmen nach wie vor relativ unbeweglich, wenn Veränderungen notwendig sind und neue Ideen entstehen sollen. Auf dem nächsten Level – Gelb – spielen vorhandene Strukturen kaum noch eine

Rolle. Vielmehr arbeiten jeweils diejenigen Menschen zusammen, die es braucht, um eine Idee voranzubringen. Wenn diese Idee umgesetzt ist, löst sich die Zusammenarbeit wieder auf, und neue Netzwerke und Kooperationen entstehen.

Level Gelb: Multiperspektivität – Vision – Autonomie

Clare W. Graves bezeichnet den Schritt von Grün zu Gelb als Quantensprung – und das ist er auch. Wenn wir über gelbes Verkaufen nachdenken, müssen wir uns vollkommen von klassischen Vorstellungen in Bezug auf die Verkaufsorganisation verabschieden. Der gelbe Verkauf besteht nicht mehr aus einem stabilen Team mit festgelegten Aufgaben. Gelb arbeiten bedeutet vielmehr, in Projekten und sich wandelnden Netzwerken zu denken und diesen Ansatz entsprechend umzusetzen.

Die neue Verkaufsorganisation: Projekte und Netzwerke

Auf Level Gelb kommen Menschen zusammen, um eine Idee umzusetzen. Dazu nutzen sie ihre unterschiedlichen Kompetenzen. Sie kommunizieren virtuell und persönlich, nutzen Cloud-Lösungen für gemeinsame Arbeitsergebnisse und chatten zwischendurch mal schnell, wenn es etwas zu klären gibt. Fehlt eine Kompetenz, wird die passende Person aus dem großen Netzwerk von Kollegen und Bekannten dazu geholt. Das kann zum Beispiel jemand sein, der mit seiner starken Blauausprägung die Genauigkeit ins Spiel bringt, die allen anderen fehlt. Dabei hilft die ausgeprägte Multiperspektivität, die ab Level Gelb existiert. Anzuerkennen, dass man alle Levels braucht und dass sie in ihrem jeweiligen Umfeld ihre Berechtigung haben und passend sind – diese Fähigkeit wird ab Gelb möglich.

In unserem Bereich – Training, Beratung und Speaking – wird viel in solchen gelben Netzwerken gearbeitet. Auch dieses Buch ist aus gelbem Geist entstanden. Wir sind beide Trainer, Berater und Speaker. Jeder ist selbstständig und wir agieren normalerweise vollkommen unabhängig voneinander. Das Buch entstand in intensiver Zusammenarbeit, wobei wir uns dazu nur einmal per-

Das beste Beispiel für gelbe Zusammenarbeit: dieses Buch!

sönlich getroffen haben. Ansonsten nutzten wir Telefon, Mails und einen gemeinsamen Cloud-Ordner, in dem sich alle unsere Arbeitsschritte, Hintergrundmaterialien und das Manuskript befanden und so für beide zugänglich waren. Vielleicht werden wir uns, wenn das Buch erschienen ist, länger nicht mehr sehen oder hören. Vielleicht setzen wir nie wieder ein Projekt gemeinsam um. Das hat jedoch nichts Negatives zu bedeuten; keiner von uns wird dem anderen böse sein, wenn dieser sich länger nicht meldet. Auf dem gelben Wertelevel rechnen Menschen nicht mehr auf, was sie füreinander getan haben, und sie leiten daraus keine Verpflichtungen ab.

Typisch gelb: vernetztes Denken

Je komplexer Vertriebsaufgaben werden und je wichtiger das Fachliche wird, desto entscheidender ist vernetztes Denken für den Erfolg. So finden sich vor allem im Investitionsgütervertrieb und anderen beratungsintensiven Bereichen Mitarbeiter, die bereits die gelbe Entwicklungsstufe erreicht haben. Meist arbeiten diese autonom an komplexen Projekten. Ein gutes Beispiel dafür ist Matthias Walter, der bei einem großen Baumaschinenhersteller angestellt ist. Bis vor Kurzem hat er dort den Kleinmaschinenvertrieb aufgebaut. Er war dafür verantwortlich, Händlerstrukturen aufzubauen und den Außendienst in deren Betreuung einzubinden. Er hat verschiedene Bereiche seines Unternehmens einbezogen, um die notwendigen Abläufe zu entwickeln. Das Marketing, die Buchhaltung und die Produktentwicklung haben mitgearbeitet, um die Anforderungen der Wiederverkäufer umzusetzen.

Kreativität, Flexibilität und Unternehmergeist sind gefragt

Mittlerweile läuft dieser Unternehmensbereich sehr erfolgreich und spielt große Umsätze und Gewinne ein. Typisch gelb hat Matthias Walter deshalb inzwischen eine neue Aufgabe übernommen: Als Nächstes wird er sich um die Entwicklung des Gebrauchtmaschinenverkaufs kümmern. Um solche umfangreichen und langfristigen Projekte aufzubauen, braucht er viel Kreativität und Unternehmergeist. Die Strukturen, die er benötigt, um seine Vorstellungen umzusetzen, existieren noch nicht. Walter kann sich an keinerlei Vorgaben halten – es gibt weder ein Handbuch noch eine Prozessbeschreibung. Bestenfalls kann er sich an anderen Unternehmen orientieren. Aber selbst dann muss er viel Pionierarbeit leisten, Kollegen überzeugen und Paradigmenwechsel einleiten.

Wenn Sie zum Beispiel im nationalen oder internationalen Key-Account-Management arbeiten, kennen Sie solche und ähnliche Herausforderungen. Nicht nur auf Kundenseite, sondern auch in Ihrem eigenen Unternehmen müssen viele Beteiligte einbezogen und überzeugt werden, um komplexe Projekte umzusetzen. Die richtige Ansprache für unterschiedlichste Gesprächspartner zu finden, ist gar nicht so einfach. Gelb denken und handeln bedeutet eben auch, die verschiedenen Werteebenen individuell adressieren zu können.

Don Beck sagt in einer Vortragsreihe: »Gelb kann man nicht lernen«[19] und es ist ebenso wenig möglich, gelbe Strukturen in Unternehmen detailliert zu planen. Sie ergeben sich vielmehr aus den Aufgabenstellungen. Erfordert ein Projekt diese Denk- und Arbeitsweise, ist es wichtig, die notwendigen Freiräume zu schaffen, damit die Projektbeteiligten agieren können. In der Praxis erweist sich genau dieser Punkt – das unabhängige Arbeiten – oft als schwierig. Gelbe Mitarbeiter lassen sich schwer führen und kontrollieren. Jemand, der vollkommen eigenverantwortlich handelt, passt nicht in die klassische Hierarchie. Er lässt sich nicht mehr ohne Weiteres sagen, was er zu tun hat. Gelbe agieren vielmehr als Unternehmer im Unternehmen. Das Management hat damit oft Probleme, weil es Verantwortung loslassen und Vertrauen gewähren muss.

> Zentral für das Management: Verantwortung loslassen, Vertrauen gewähren

So scheitern auch größer angelegte Versuche, gelbe Kultur in Unternehmen zu etablieren, häufig am Kontrollwunsch der Unternehmensleitung. Bei dem Internetdienstleister Google existierte über Jahre die berühmte Zwanzig-Prozent-Regel. Zwanzig Prozent der Arbeitszeit, also ein ganzer Tag pro Woche, stand den angestellten Ingenieuren für kreative Ideen zur Verfügung. In dieser Zeit sollten sie Projekte verfolgen, die sie für interessant hielten. Services wie Gmail, Google Maps und AdSense entstanden in solchen »Freizeit«-Projekten.

Doch im August 2013 gab Google-Chef Larry Page das Aus für den Kreativtag bekannt.[20] Er wolle nur noch wenige, dafür besonders Erfolg versprechende Projekte fördern. Mitarbeiter des Unternehmens berichteten, der Kreativtag habe faktisch schon länger nicht mehr stattgefunden, da Projekte erst von oben abgesegnet werden mussten, bevor sie weiterverfolgt werden durften. Unserer Einschätzung nach haben hier orange Strukturen gegriffen. Schneller, berechenbarer Profit lässt sich den Investoren besser verkaufen als die kreative Suche nach Ideen, von denen viele im Sande verlaufen. Der Anzeigenservice AdSense trägt laut sueddeutsche.de allerdings mit fast 3,3 Milliarden Dollar ein Viertel zum Gesamtumsatz bei. Diese Einnahmen haben sicher manches Projekt kompensiert, das nicht realisiert wurde.

Die gelbe Persönlichkeit

Wenn man Gelb nicht lernen kann, wie kommen Menschen dann auf den gelben Wertelevel? An anderer Stelle in diesem Buch haben wir gesagt, dass der Schritt auf einen nächsten Level nur aus einem Veränderungsdruck heraus erfolgt. Etwas funktioniert nicht mehr und aus diesem Grund wird eine Entwicklung notwendig. Von Grün zu Gelb ist das in der Regel ein schmerzhafter persönlicher Prozess. Gelb entsteht oft aus grüner Enttäuschung.

Dazu ein Beispiel: Sie haben sich ganz und gar auf eine Kooperation mit Geschäftspartnern oder Kollegen eingelassen. Sie haben sich geöffnet und voll emotional in eine Gemeinschaft eingebracht, an die Sie mit ganzem Herzen geglaubt haben. Doch in diesem Kreis gab es Menschen, die die Zusammenarbeit nur zu ihrem eigenen Vorteil genutzt haben. Sie haben sich nach außen kooperativ grün gegeben, um für sich allein etwas zu gewinnen. Wenn Sie nun entdecken, dass Sie ausgenutzt wurden und Ihre ganze Offenheit und Ihr Einsatz umsonst waren, gibt es zwei Möglichkeiten. Sie können beleidigt auf Orange zurückgehen und beschließen: »Das ganze Gerede hat nichts genutzt. Es lohnt sich nicht, etwas für andere zu tun. In Zukunft kümmere ich mich wieder um meinen eigenen Kram und sehe, wo ich bleibe.« Oder aber Sie lernen aus der Erfahrung und reifen als Persönlichkeit. Das wird vermutlich eine Weile dauern und ist mit Sicherheit nicht so einfach.

Vor allem jedoch müssen Sie einen tiefen emotionalen Prozess durchlaufen. Diese Entwicklung ist zum Teil mit großen Enttäuschungen verbunden. Aus der gelben Perspektive werden Sie schließlich verstehen, dass Sie an der Enttäuschung genauso viel Anteil hatten wie alle anderen. Vielleicht haben Sie Ihre Bedürfnisse aus den Augen verloren oder sie nicht genügend artikuliert. Oder Sie hatten die unausgesprochene Hoffnung, dass Ihre Anstrengungen Ihnen die Anerkennung und den Dank der Kollegen einbringen würden und dass die anderen schließlich auch für Sie etwas tun würden.

Auf dem gelben Level spielt die Aufrechnung von Leistung und Gegenleistung hingegen keine Rolle mehr. Der Gelbe ist sich bewusst, dass er die Verantwortung dafür trägt, wie viel er einbringen will und wo seine Grenzen sind. Wenn er sich entscheidet, eine Aufgabe zu übernehmen, tut er das ohne Murren und ohne Erwartungen an die anderen.

Das Prinzip der Reziprozität: Geben und (irgendwann) nehmen

Das wird noch klarer, wenn wir uns das Prinzip der »Reziprozität« anschauen. Diesen psychologischen Effekt beschreibt der Psychologe Robert B. Cialdini in seinem Buch »Die Psychologie des Überzeugens.«[21] Reziprozität (dt. Wechselseitigkeit / Gegenseitigkeit) bedeutet, dass wir, wenn wir etwas für einen anderen Menschen tun, ein Gefühl von Unausgeglichenheit bei ihm erzeugen. Der andere spürt den starken Wunsch, den Gefallen zurückzuzahlen, und ist erst zufrieden, wenn er dies getan hat.

Dieses Phänomen tauchte ursprünglich in Gruppen auf, die als Jäger mal über viel und dann wieder über wenig Nahrungsmittel verfügten. Wenn ein Jäger ein großes Beutetier erlegt hatte, konnte er es nicht allein aufessen. Er gab also den Mitgliedern seiner Gruppe etwas ab. Ein anderes Mal lief die Verteilung dann andersherum; der Jäger wurde mitversorgt, wenn er selbst erfolglos war. Dieses Prinzip führte zu einer stärkeren Bindung innerhalb der Gruppe und sorgte für das Überleben möglichst vieler Gruppenmitglieder. Echte Reziprozität bedeutet: Geben und sich darauf verlassen, dass das Gegebene zurückkommen wird, ohne diese Gegenleistung aber unmittelbar zu fordern oder zu erwarten. Auf Level Gelb wird diese Art des Gebens möglich. Der Gebende hat die Erfahrung gemacht, dass er irgendwann etwas zurückbekommt. Er kann aber auch bewusst entscheiden, wann er zu einem Einsatz bereit ist und wann nicht.

Gelbe Besonderheiten: echte Unabhängigkeit und innere Sicherheit

Auf dem gelben Level steht wieder der Ich-Bezug im Vordergrund. Anders als bei den bisherigen Levels auf dieser Seite der Treppe bedeutet dieser Ich-Bezug aber nicht Egoismus, sondern echte Unabhängigkeit. Der Gelbe ist sich seiner Stärken und Unzulänglichkeiten bewusst und hat mit ihnen Frieden geschlossen. Deshalb wird Anerkennung von anderen immer unwichtiger.

Ein weiterer großer Unterschied zu den bisherigen Levels ist das Gefühl von innerer Sicherheit. Auf allen bisherigen Levels mussten Sie sich mit bestimmten Ängsten auseinandersetzen, die für den jeweiligen Level und dessen Werte typisch waren. Auf Level Blau zum Beispiel ging es um die Angst, Fehler zu machen und Regeln zu verletzen. Auf Level Orange durften Sie nicht von anderen übertroffen werden und mussten immer zu den Besten und Erfolgreichsten gehören. Ab Level Gelb spielen solche Ängste keine Rolle mehr. Sie haben sie alle durchlebt und gemeistert. Wenn Sie diese Ebene erreicht haben, empfinden Sie dagegen ein tiefes Vertrauen in Ihre Handlungsfähigkeit in jeder Situation. Sie haben gelernt, dass Sie die unterschiedlichsten Notlagen überstehen und immer etwas tun können.

Ideal und Wirklichkeit

Natürlich beschreiben wir hier den Idealtypus einer gelben Persönlichkeit. Ganz so perfekt fühlen Sie sich vielleicht manchmal noch nicht. Das liegt daran, dass Ihre anderen Levels ebenfalls noch vorhanden sind. Und da mag sich die eine oder andere Unsicherheit doch hin und wieder bemerkbar machen. Doch wenn Sie bereits auf Gelb angekommen sind, werden Sie auch die Sicherheit und Unabhängigkeit kennen, die wir eben beschrieben haben.

Die gelbe Persönlichkeit …

… bringt sich ein, ohne direkt eine »Rückzahlung« zu
   erwarten,
… gönnt sich Unabhängigkeit in Entscheidungen,
… ist sich ihrer Eigenverantwortung in allen Lebensbereichen
   bewusst und übernimmt diese,
… ist sich aufgrund ihrer Erfahrungen sicher, Probleme lösen
   und Ängste bewältigen zu können.

Führung und Strategie auf dem Level Gelb

So gereifte und erfahrene gelbe Menschen anzuleiten, hat nicht
mehr viel mit klassischer Führung von oben nach unten zu tun.
Zwar hat ein Mitarbeiter, der auf dem gelben Level agiert, ein
Gefühl für Hierarchien und er wird auch in der Lage sein, diese zu
würdigen. Er betrachtet sich aber auch selbst als stark und reif
genug, um sich nicht einfach so Anweisungen geben zu lassen.
Vielmehr wird er Aufgaben dann übernehmen, wenn er sie für
sinnvoll im Sinne eines Gesamtergebnisses ansieht. Und er wird
sich immer etwas mehr Spielraum gönnen, um selbst zu entscheiden, wie die Aufgaben am besten zu erledigen sind.

*Eine gelbe Persön-
lichkeit braucht
(fast) keine Führung*

Bernd Maurer hat sich in seinem Vertriebsteam eine Nische geschaffen. Er baut neue Kundensegmente und Zielgruppen auf.
In seiner Firma, die sich auf den Bau von Spezialschleifmaschi-
nen fokussiert, ist das eine zeitaufwendige, aber auch lohnende
Aufgabe. Maurer berichtet direkt an seinen Verkaufsleiter Stefan
Bucher, den er aber eher als Sparringspartner und Kollege und
weniger als Vorgesetzten sieht. Bucher ist intelligent und erfahren
genug, um zu verstehen, dass er mit seinem Spezialmitarbeiter
Bucher anders umgehen muss als mit seinem »normalen« Key-
Account-Team.

Da Maurer zu Beginn eines Projekts oft noch nicht einschätzen
kann, wie das Potenzial der neuen Zielgruppe aussieht, lässt er
sich zu diesem Zeitpunkt auf nichts festlegen. Erst wenn er mit

*Die besondere Rolle
des Vorgesetzten*

verschiedenen Firmen gesprochen hat, gibt er eine Umsatzprognose ab und entwickelt einen Plan zur Erschließung des Kundensegments. Mit seinem Chef Bucher tauscht er sich gern aus, um seine Erfahrungen wiederzugeben und seine Überlegungen zu reflektieren. Bucher stellt in solchen Gesprächen kritische Fragen, bringt seine Gedanken ein und macht Lösungsvorschläge. Er schreibt Bernd Maurer aber nie vor, was dieser zu tun hat. Bläst Maurer ein Kundenprojekt ab, lässt Bucher ihn gewähren. Er weiß, dass eine solche Entscheidung wohlüberlegt und im Sinne des Unternehmens ist.

Ihnen als Führungskraft verlangt die Leitung eines gelben Mitarbeiters durchaus Größe ab. Sie müssen loslassen, ein gewisses Vertrauen in die Kompetenz und das Know-how eines anderen Menschen setzen und diesen agieren lassen. Viele Chefs sind dazu nicht in der Lage. Sie trauen sich nicht, die Kontrolle aus der Hand zu geben, und fürchten sich vor Fehlern des Mitarbeiters, die sie schließlich zu vertreten haben. Einen gelben Mitarbeiter zu führen, bedeutet sehr oft auch, ihn vor Eingriffen aus dem Management zu schützen. Ihre Aufgabe besteht in einem solchen Fall darin, kurzfristigen Druck von ihm fernzuhalten, damit Ihr »Spezialist« ungehindert an seinen langfristigen Ergebnissen arbeiten kann.

Optimale Rahmenbedingungen für Freiraum und Wissen
Zusätzlich müssen Sie die Rahmenbedingungen schaffen, die Ihr gelber Mitarbeiter braucht, um seine Ziele möglichst ungehindert zu verfolgen. Diese Rahmenbedingungen beziehen sich meistens auf zwei Aspekte: Freiraum und Wissen. Ihr Mitarbeiter muss seine Arbeitsabläufe und -bedingungen weitgehend selbst gestalten können. Im optimalen Fall kann er reisen, wann und wohin er will, und er kann sich auch seine Arbeitszeiten so einteilen, wie es für ihn richtig ist. Wenn Sie einen »echten« Gelben vor sich haben, wird er diese Freiheit nicht ausnutzen. Er wird selbst darauf achten, die Kosten im Griff zu behalten und seine Ressourcen sinnvoll einzusetzen.

Die zweite wichtige Rahmenbedingung – Zugang zu Wissen – ist ebenso wichtig. Innerhalb Ihres Unternehmens kann das bedeuten, dass Sie den Zugriff auf Zahlen aus anderen Bereichen, wie zum Beispiel Produktion und Einkauf, ermöglichen müssen. Wenn das nicht ausreicht, werden vielleicht auch Gespräche mit anderen Abteilungsverantwortlichen notwendig sein. In hierarchischen Firmen braucht Ihr Mitarbeiter dazu Rückendeckung aus dem Management. Sie müssen ihm Türen öffnen und die richtigen Kontaktpersonen an den Tisch holen.

In den Unternehmen, die wir betreuen, erleben wir immer wieder, welches Potenzial in solchen gelben Persönlichkeiten liegt. Sie sind wichtige Triebkräfte in Sachen Innovation und Wettbewerbsfähigkeit von Firmen. Allerdings sehen wir auch immer wieder, dass diese Entrepreneure im Unternehmen behindert und ausgebremst werden. Zu viele Regeln, Kontrollmechanismen und auch persönliche Eitelkeiten stehen ihrer Schaffenskraft im Weg. Gerade im Management erleben wir oft Persönlichkeiten, die selbst noch nicht reif und erfahren genug sind, um die nötige Verantwortung abzugeben und Vertrauen zu schenken.

Was gelbe Persönlichkeiten ausbremst

Ein letzter Aspekt der Führungsstrategie betrifft die Bezahlung. Auf diesem Level spielen leistungsorientierte Bezahlungsmodelle keine wesentliche Rolle mehr. Mitarbeiter auf diesem Level setzen ein gutes Gehaltsniveau voraus, arbeiten aber nicht mehr im eigentlichen Sinne für Geld. Ihnen sind ihr Gestaltungsspielraum und ihre Freiheit viel wichtiger. Sie fühlen sich in dem Umfeld wohl, in dem sie agieren und Neues erschaffen können. Wenn diese Bedingungen nicht gegeben sind, bleiben sie für kein Geld der Welt.

Gelbe Mitarbeiter brauchen …

… Freiräume, um ihre Aufgabe bestmöglich zu erfüllen,
… Gesprächspartner statt Führungskräfte,
… Zugang zu Wissen.

Gelb verkaufen – die Abkehr vom klassischen Vertrieb

Gelb als Chance für Firmengründungen und kleine Unternehmen

Unserer Einschätzung nach gibt es bisher keine größeren »gelben« Firmen. In der Gründungsphase weisen viele Unternehmen gelbe Züge auf. Das gilt insbesondere in sehr innovativen Branchen. Denken Sie beispielsweise an die Garagenfirmen im Silicon Valley. Ab einer gewissen Firmengröße dringen jedoch immer mehr rote, blaue und orange Werte in das Unternehmen ein. Die guten Produkte müssen mit Schwung in den Markt gebracht werden, die Unternehmensorganisation wird durch Regeln »blau angestrichen« und durch klassische Vertriebsstrukturen werden Umsatz und Gewinn kurzfristig sichergestellt. Vorbei sind die schönen gelben Zeiten, in denen alles von kreativen Freiräumen und Innovationskraft geprägt war!

In kleineren Firmen ist es aber durchaus möglich, gelb zu arbeiten und dabeizubleiben. Die gelben Wertesysteme finden wir in kleinen, beweglichen Firmen vor, die – statt zu wachsen – in losen und wechselnden Kooperationen arbeiten. In solchen Organisationsformen ist es sogar möglich, Kunden zu gewinnen, ohne klassisch zu akquirieren.

Erfolgreiche Projekte als Aufhänger für Kundenansprache

Die direkte Ansprache von potenziellen Kunden ist zwar weiterhin möglich, sie bekommt aber eine andere Qualität als die traditionelle Kaltakquise. So werden zum Beispiel erfolgreiche Projekte als Aufhänger genutzt, um weitere Interessenten neugierig zu machen. Der gelbe Fachmann wendet sich gezielt an Firmen und bietet diesen zunächst eine Case Study des Projekts an. Dann schlägt er eine gemeinsame Diskussion darüber vor, ob ein ähnliches Konzept auch in diesem Unternehmen sinnvoll sein könnte. Das Gesprächsergebnis ist bei einem solchen Austausch offen. Ergibt sich eine nützliche Zusammenarbeit, ist es gut. Aber auch ein gemeinsam beschlossenes »Das hat keinen Sinn« ist völlig in Ordnung.

Ein weiteres Vermarktungsinstrument bildet die Expertise. Viele Spezialisten werden zum Beispiel über Blogs, Newsletter, Bücher und Fachbeiträge in Zeitschriften bekannt. Sie teilen großzügig ihr Wissen und werden dadurch gefunden. Verbunden mit regelmäßigem Social-Media-Marketing ist es so möglich, Interessenten zu erreichen und Sog zu erzeugen. Voraussetzung für diese Art der Vermarktung ist allerdings, dass das Know-how, die Leistungen und Angebote des Unternehmens herausragend sind.

Risiken und Nebenwirkungen auf dem Level Gelb

Einen gelben Mitarbeiter zu führen, bedeutet also, ihn frei agieren zu lassen. Aber was ist, wenn Ihr Mitarbeiter seine Freiräume ausnutzt, um sich selbst Vorteile zu verschaffen? Dann haben Sie sich in der Einschätzung über dessen Wertelevel getäuscht. Ein Oranger, der sich gut verkaufen kann, könnte im ersten Moment einen ähnlichen Eindruck vermitteln wie ein genuin Gelber. Den Unterschied merken Sie spätestens dann, wenn er viele Forderungen stellt, die nur seinem persönlichen Vorteil dienen.

Aufgepasst: Was »echte gelbe« von orangen Mitarbeitern unterscheidet

Ein zweites Indiz ist der Umgang mit Misserfolgen und Fehlern. Ihr gelber Mitarbeiter wird diese reflektieren und daraus die geeigneten Schlüsse ziehen. Ist Ihr Mitarbeiter auf dem orangen Level stark, hören Sie dagegen eher Ausreden und Erklärungen, die ihn entschuldigen sollen. Auch wenn Sie sich im ersten Moment vielleicht täuschen lassen, kommen Sie einem »falschen Gelben« sicher schnell auf die Spur.

Fehler und Misserfolge sind ein weiteres Risiko, das Sie eingehen, wenn Sie Ihren gelben Mitarbeiter agieren lassen. Wie das Beispiel von Google zeigt, führen Ideen oft in die Sackgasse. Den vielen erfolgreichen Entwicklungen von Google stehen mit Sicherheit vielfach so viele Flops entgegen. Dieses Risiko müssen Sie in Kauf nehmen. Innovation und Fortschritt lassen sich nur erreichen, wenn auch Fehlversuche erlaubt sind. Diese kosten Geld, Zeit und Ressourcen. Aber ohne sie sind keine erfolgreichen Neuerungen möglich.

Kein Erfolg ohne vorherige Fehler und Misserfolge

Der Wechsel zu Türkis – wenn der Sinn wichtiger wird als das Tun

Level Gelb ist von echtem Selbstbewusstsein, von Innovationskraft und dem Wunsch nach Unabhängigkeit geprägt. Doch je mehr ein Mensch sich öffnet, desto eher wird ihm klar, dass die Verantwortung nicht nur ihm selbst, sondern seiner gesamten Umwelt und allen Menschen gilt. Da alles mit allem zusammenhängt, können wir uns dem Gedanken immer schlechter entziehen, dass alles, was wir tun, auch auf zukünftige Generationen und alles Leben auf der Welt Auswirkungen hat.

Level Türkis: hohe Ideale – kollektive Intuition – Selbstorganisation

»Wir müssen Geschäftsmodelle schaffen, die nicht nur berücksichtigen, was uns dient und was dem Markt dient. Wir müssen auch daran denken, was die Erde benötigt«, sagte der Unternehmer Gunter Pauli auf dem Entrepreneurship Summit 2014 in Berlin.[22] Der Begründer der »Blue Economy« ist Vorreiter eines Levels, der in der Gesellschaft allgemein und in der Wirtschaft noch nicht sehr verbreitet ist. Deshalb ist es auch so schwierig, Beispiele für türkises Business zu finden. Bei oberflächlicher Betrachtung kann sogar der Eindruck entstehen, dass türkise Vorstellungen und wirtschaftliches Denken einander ausschließen. Schließlich geht es auf diesem Level um Werte wie Verbesserung der Lebensbedingungen aller Lebensformen, globale Aussöhnung und Verantwortung für die Zukunft des Lebens.

Gunter Pauli: Vorreiter für türkises Business

Doch Pauli macht vor, dass sich diese Ziele durchaus in einen wirtschaftlichen Zusammenhang bringen lassen. Er hat sich beispielsweise in einem seiner Projekte mit neuen Nutzungsformen für Kaffeesatz auseinandergesetzt. Die einfachste lautet: Pilze züchten. Bei Starbucks in Spanien gehört die Zucht von Shitake- und anderen Pilzen inzwischen zum Geschäftsmodell. Durch die Idee konnten im wirtschaftlich gebeutelten Madrid neue Arbeitsplätze geschaffen werden. Adidas produziert Funktionsshirts aus gebrauchten PET-Flaschen und Abfällen der Kaffeeproduktion – ebenfalls nach einem Konzept von Gunter Pauli und seinem Team. Und in Timberland-Schuhen werden in Zukunft Sohlen liegen, die mithilfe von feinst gemahlenem Kaffeesatz Geruchsbildung hemmen.

Pauli sucht nach Lösungen, durch die Ressourcen genutzt werden können, die bei anderen Herstellungsprozessen übrig bleiben oder scheinbar überflüssig und unbrauchbar sind. In einem weiteren Projekt hat er sich beispielsweise mit der Verwendung von Disteln beschäftigt. Dieses »Unkraut« wird bisher kaum genutzt. Dabei steckt viel Wertvolles in den stacheligen Pflanzen. Gemeinsam mit seinem Thinktank hat Pauli sechs Produkte entwickelt, unter anderem Schmiermittel und Kunststoffe, die komplett aus Disteln hergestellt werden können und die günstiger zu produzieren sind als vergleichbare Erdölprodukte.

Unternehmer Pauli ist kein Wachstumsgegner, der in die Schubladen »rückwärtsgewandt« oder »globalisierungsfeindlich« passt. Er stellt lediglich die Ansätze infrage, die wir für unser ständiges Wachstum wählen: »Die ganze Debatte über Wachstum ist eine Scheindebatte: Bist du dafür oder dagegen? Das ist aber nicht die Frage. Die Frage lautet vielmehr: ›Was ist die beste Lösung?‹«[23] Gunter Pauli macht vor, wie erfolgreiche Geschäftsmodelle auf Basis von nachhaltigen und ökologischen Ideen entstehen können. Er ist als tüchtiger Unternehmer auch finanziell erfolgreich. Und doch sagt er auf dem Entrepreneurship Summit in Berlin: »Ich wohne nicht in Monaco, habe keinen dicken Mercedes und kein Flugzeug. Denn ich habe mir mal die Frage gestellt: Wie viel reicht?« Auch mit diesem Statement vertritt er türkise Werte, denn auf Level Türkis stellt persönlicher Wohlstand im Sinne von immer mehr Besitz keine treibende Motivation mehr dar.

Türkis und Wachstum schließen einander nicht aus

Es mag daran liegen, dass Menschen auf diesem Level oft bereits einen gewissen Wohlstand erreicht haben – oder daran, dass sie finanzielle Sicherheit anders bewerten als auf den vorherigen Levels. So regt die amerikanische Autorin und Coachingexpertin

Geld (allein) macht nicht glücklich – oder doch?

Byron Kathleen Mitchell uns zu der Frage an, wozu wir eigentlich Geld brauchen. Die meisten Menschen glauben, dass es beruhigt und glücklich macht. Es soll uns absichern, vor allem für den Fall, dass wir in eine Notsituation geraten. Doch woher wollen wir wissen, dass wir ohne Geld nicht ebenfalls oder noch eher glücklich wären? Vielleicht würde man uns auch dann helfen, wenn wir niemanden dafür bezahlen können.[24] In den Coachings von Mitchell kommt oft heraus, dass viele Menschen sich von Geld und Wohlstand gestresst fühlen. Sie haben Angst, ihr Vermögen durch die falschen Geldanlagen zu verlieren, oder meinen, immer mehr zu brauchen. Dem eigentlich gewünschten Ziel – Glück und Sicherheit durch Wohlstand – sind sie also ferner denn je.

Byron Katie, wie Byron Kathleen Mitchell sich nennt, ist selbst ein gutes Beispiel für Geschäftserfolg, der nicht aus wirschaftlichen Zielsetzungen heraus entstanden ist. Anfang der 1990er-Jahre entwickelte sie aus eigenen schmerzhaften Erfahrungen heraus einen sehr einfachen Coachingansatz[25], der nicht nur ihr selbst half, ihr Leben radikal zu verbessern. Sie unterstützte auch mehr und mehr Menschen dabei, aus Depressionen, Krisen, Süchten und anderen Problemen herauszukommen.

Byron Kathleen Mitchell: türkise Überzeugungstäterin mit ökonomischem Erfolg

Sie bietet mittlerweile seit rund 25 Jahren Coachingabende an, die entweder gratis sind oder nur sehr wenig kosten. Online-Coaching-Sessions und Arbeitsmaterialien stehen auf ihrer Homepage und im Internet gratis zur Verfügung. Sie lädt jeden ein, ihr Coachingmodell ohne Lizenz zu nutzen, um sich und anderen zu helfen. Parallel dazu hat sich durch ihren Erfolg und ihre Bekanntheit ein lukratives Business von bezahlten Veranstaltungen und Ausbildungen entwickelt, das beständig weiter wächst. Ihre Bücher verkaufen sich weltweit und ihre Veranstaltungen auf allen Kontinenten sind gut besucht. Byron Katie ist, ohne aktiv danach zu streben, auch finanziell sehr erfolgreich geworden.

Pauli und Mitchell sind die besten Beispiele für Menschen, die von ihren Ideen so überzeugt sind, dass sie möglichst viele andere ebenfalls für diese Ideen zu begeistern versuchen. Aber nicht immer sind die Aktivitäten, die aus türkisen Wertvorstellungen heraus entstehen, so offensichtlich. Christoph Doll, ein junger Unternehmer, den wir beraten haben, weist laut unserem 9 Levels-Auswertungstool einen ausgeprägt hohen Türkisanteil auf. Zunächst war uns allerdings nicht klar, wo er diesen Level auslebt. Seine Firma, ein sehr erfolgreiches Unternehmen im Internetbereich, betreibt er mit zwei sehr unterschiedlichen Kollegen. Alle drei verdienen mit einer guten und innovativen Idee viel Geld.

Doll investiert dieses Geld allerdings – im Gegensatz zu seinen Geschäftspartnern – nicht in Autos und andere Statussymbole. Er kauft in Norddeutschland in großem Maßstab Land auf, um es zu schützen. Mit diesem Land wird er voraussichtlich niemals Geld verdienen und darum geht es ihm auch nicht. Er kann aber ein Stück wunderschöner Natur erhalten, das sonst durch Bebauung, landwirtschaftliche oder industrielle Nutzung zerstört würde.

Türkis zeigt sich manchmal auf den zweiten Blick

Dass Doll einerseits so überzeugt ist von dem, was er tut, und gleichzeitig mit zwei Kollegen arbeitet, die so ganz anders ticken, ist ein weiteres Kennzeichen von Türkis. Wie schon auf Level Gelb ist das Verständnis für die Unterschiedlichkeit von Menschen gewachsen. Echte Toleranz und Offenheit prägen den Umgang mit anderen. Mit türkisem Wertegerüst können Menschen wie Doll, Pauli und Byron Katie akzeptieren und sogar wertschätzen, dass alle Levels gut, berechtigt und in ihrem Umfeld passend sein können. Sie selbst sind vielleicht oftmals weiter in ihren Erfahrungen und ihren Sichtweisen. Aber sie bewerten andere Menschen nicht mehr als gut oder schlecht, intelligent oder unverständig, locker oder verkrampft. Jeder Mensch, so ihre Überzeugung, ist, wie er ist – und mehr gibt es dazu nicht zu sagen.

Die türkise Persönlichkeit

Wir sind sicher: Sie haben in Ihrem Leben schon türkise Persönlichkeiten getroffen. Je nachdem, wo Sie zu diesem Zeitpunkt selbst in Ihrer Wertentwicklung standen, haben Sie diese als faszinierend oder auch merkwürdig wahrgenommen. Auf Basis der türkisen Werte entwickeln Menschen oft eine tiefe innere Ruhe

Ruhig, gelassen und besonders aufnahmefähig – der türkise Prototyp

und Gelassenheit. Im direkten Kontakt sind sie präsent und gleichzeitig auf intuitiver Ebene besonders aufnahmefähig für Unausgesprochenes. Sie werten nicht mehr, weder Menschen noch ihre Aktivitäten. Wenn Sie einen türkisen Menschen durch die positive Brille betrachten, mag er auf Sie vielleicht »weise« oder »großherzig« wirken. Sind Sie hingegen eher negativ gestimmt, finden Sie ihn vielleicht »esoterisch«, »abgehoben« oder »nicht von dieser Welt«.

Was wir hier beschreiben, sind allerdings »Prototypen«, deren stark ausgeprägter Türkisanteil alle anderen Anteile übertrifft. In der Realität erleben Sie aller Wahrscheinlichkeit nach eher Menschen, bei denen andere Levels den Eindruck etwas verwischen. Gunter Pauli zum Beispiel hat sicher auch einen deutlichen Orangeanteil, der ihn antreibt, nach immer neuen Projekten zu suchen. Byron Katie lebt neben Türkis wahrscheinlich auch ihren grünen Level aus, wenn sie ununterbrochen Menschen um sich schart, um mit diesen zu arbeiten und ihnen zu helfen. Ein »rein« Türkiser dagegen könnte auch allein auf einer Insel leben und dort seinen Idealen nachgehen. Er muss nicht mehr gefallen und beeindrucken. Die Menschen werden zu ihm finden, wenn es so sein soll.

Türkis kommt ohne Vertrieb aus und teilt das Wissen

Deshalb gibt es auf Level Türkis auch keinen Vertrieb mehr. Ideen, die so wichtig und sinnvoll sind, werden sich schon herumsprechen und für eine Anziehungskraft sorgen, die Akquise und Marketing überflüssig macht. Byron Katie wurde bekannt, weil immer mehr Menschen von ihr erzählt und sie empfohlen haben. Als sie all denen, die zu ihr kamen, nicht mehr in ihrem Zuhause helfen konnte, bot sie ihre Coachings in Gemeinschaftsräumen und Kirchen an, um mehr Menschen zu erreichen. Sie folgt ihrer Berufung und hilft Menschen, so gut sie kann.

Ein weiterer Schlüssel dafür, dass die türkisen Vorreiter ihre Anziehungskraft entwickeln können, ist ihr großzügiger Umgang mit ihrem Wissen. Sie halten Vorträge und stellen Informationen offen und oft unentgeltlich zur Verfügung, um andere Menschen an ihren Erfahrungen teilhaben zu lassen. Diese nützlichen Informationen werden gerne weitergegeben und finden so ihren Weg zu vielen Menschen. Das Internet trägt zu solchen Entwicklungen bei, weil aus guten Ideen schnell virale Selbstläufer werden.

Führung und Strategie auf Level Türkis?

Über die Führung türkiser Mitarbeiter können wir Ihnen nichts sagen, weil wir nicht glauben, dass es diese Menschen gibt. Wir kennen keine angestellten Mitarbeiter in Unternehmen, deren stärkster Wertelevel Türkis ist. Vielleicht gibt es sie ja doch irgendwo. Aber dann haben sie sich sicher eine Nische geschaffen, in der sie eigenständig an den Dingen arbeiten können, die ihnen wichtig sind.

Auch typisch türkise Strategien gibt es unserer Meinung nach noch nicht. Türkis ist einfach ganz anders und viele bisherige Regeln funktionieren in diesem Wertesystem nicht mehr. Ein letztes Beispiel von Gunter Pauli, der uns bei der Recherche zu diesem Buch wirklich fasziniert hat. Pauli hat Businessplänen und Machbarkeitsstudien den Kampf angesagt. Er glaubt, dass diese Instrumente innovatives Denken verhindern. Stattdessen beschreibt er seine Projekte in »Märchenbüchern«. Mit den Geschichten, die auf diese Weise entstehen, beschafft er die finanziellen Mittel, die er für die Umsetzung seiner Ideen braucht. Bereits 189 solcher Bücher hat er verfasst und in Projekte umgesetzt.

Türkise Strategien sind noch nicht fassbar

Paulis Denken kennt scheinbar keine Grenzen. Braucht er für eine Idee 500 Millionen Euro, dann treibt er dieses Geld auf. Um so uneingeschränkt denken zu können, verwendet er eine bestimmte Strategie: Er lernt immer wieder von Kindern, wie das geht. »Die Hälfte meiner Zeit verbringe ich in diesen Tagen mit Kindern zwischen drei und acht Jahren. Warum? Kinder machen keinen Unterschied zwischen Fantasie und Realität. Alles ist Realität. Und das brauche ich.« Mit diesen Worten schloss der Belgier seinen eindrucksvollen Vortrag im September 2014 in Berlin ab. »Wahre Entrepreneure«, so sagte er, »sind Menschen, die das Kind in sich wach halten können.«

Risiken und Nebenwirkungen auf dem Level Türkis

Türkise Ideen
werden oft orange
(aus)genutzt

Ungern stellen wir die schöne türkise Welt wieder infrage und zerstören das Bild – doch häufig geschieht genau das mit den Ideen, die auf diesem Level entstehen. Erinnern Sie sich noch an die Kampagne einer Bierfirma, die mit jeder verkauften Kiste Bier die Rettung eines Quadratmeters Regenwald unterstützte? Das Projekt war toll und entsprang vielleicht sogar echtem türkisen Denken. Doch wo »Corporate Social Responsibility« draufsteht, ist meistens nur oranges Gewinnstreben und orange Marketingpower drin. Eigentlich ist es auch nicht so wichtig, denn durch die fleißigen Biertrinker ist sicherlich ein gutes Stück Regenwald gerettet worden.

Wäre unser Vorzeigeunternehmer Gunter Pauli orange, würde er vielleicht genauso überlegen, wie er ungenutzte Ressourcen für neue Projekte einsetzen kann. Allerdings stünde dann der Profit im Vordergrund. Er würde versuchen, möglichst schnell viel Geld aus den Projekten zu ziehen, und das gegebenenfalls mit negativen ökologischen Folgen. Aber das wäre ihm egal.

Gift für Türkis:
Regelungswut und
falsch verstandenes
Sendungs-
bewusstsein

Es hat fatale Folgen, wenn türkise Bestrebungen von blauer Reglementierungswut oder orangem Machtdenken übernommen werden. Viele Non-Profit-Organisationen, die sich Kinderschutz, Menschenrechte oder Entwicklungshilfe auf die Fahnen geschrieben haben, sind inzwischen unübersichtliche Bürokratieapparate, in denen ein Großteil der Spenden verschwindet, während nur ein Bruchteil der Gelder noch dem eigentlichen Zweck dient. Die Umweltschutzbewegung verliert an Schlagkraft, wenn ihre Anhänger mit krassen Parolen und missionarischem Eifer auftreten. Wertvolle Ideen werden von vielen Menschen als »Ökokram« abgetan, wenn sie sehen, dass es den Gruppen mehr um brachiale Verurteilungen als um echte Lösungsansätze geht. In Türkis steckt viel Potenzial für die aktuelle Situation in den Märkten und der Welt. Viele Menschen haben regelrecht Sehnsucht nach Türkis, werden aber von aktuell vorherrschenden Wertesystemen wie Orange und Grün eingeholt.

KAPITEL 6

Gebrauchsanleitung für die Umsetzung

Wenn Sie merken, dass Veränderungen überfällig sind, weil sich Ihr Umfeld weiterentwickelt hat oder im Team Spannungen entstanden sind, können Sie das Wissen aus diesem Buch nutzen, um gezielt nach Ursachen und passenden Lösungen zu suchen. Dazu beginnen Sie am besten mit der Analyse der Situation.

Erster Schritt: Analyse der Situation

Fragen Sie sich:

- *Auf welchem Wertelevel stehen die Beteiligten?*
  Anhand der Levelbeschreibungen haben Sie konkrete Anhaltspunkte, die Ihnen helfen werden, die Werte der relevanten Personen und Teams einzuschätzen. Wenn Sie mit genaueren Daten starten wollen, nutzen Sie das 9 Levels-Diagnostiktool. Betrachten Sie alle beteiligten Ebenen (z. B. Mitarbeiter, direkte Führungskräfte, Management) und Gruppen (z. B. Innendienst, Außendienst, Kunden). Wenn Sie Diskrepanzen zwischen den Wertesystemen feststellen, haben Sie erste Anhaltspunkte.

- *In welche Richtung müssen wir etwas verändern?*
  Welcher Level ist passend, um die Ziele zu erreichen und die nötigen Veränderungen herbeizuführen? Denken Sie daran, dass die Entwicklung nur Schritt für Schritt erfolgen kann und dass Sie kein Level überspringen können.

- *Welche Voraussetzungen müssen geschaffen werden?*
Nutzen Sie dazu das Modell der »7 S«. Betrachten Sie alle weichen und harten Faktoren im Hinblick auf den angestrebten Level. In Kapitel 5 finden Sie eine Gesamtübersicht aller Faktoren und Levels. Fragen Sie sich zum Beispiel: Was müssen die Mitarbeiter lernen? Welche Strukturen und Systeme sind notwendig? Welcher Führungsstil ist passend?

Wir haben schon zahlreiche Teams unterstützt und viele Veränderungsprozesse begleitet. Im Folgenden finden Sie einige Beispiele aus unserer Praxis, und wir geben Ihnen Tipps, falls Sie etwas Ähnliches planen und umsetzen möchten.

Der König ist tot – lang leben die Könige: von Purpur über Rot zu Blau

Firma ohne Führung: eine Chance für kühne Anführer

Eine Fleisch- und Wurstfabrik im Norden der Schweiz stand jahrzehntelang für exzellente Qualität und guten Geschmack. Die dort produzierten Marken waren bekannt und gut eingeführt. Doch der plötzliche Tod des Unternehmensinhabers mit knapp sechzig Jahren warf das Unternehmen und seine Mitarbeiter vollkommen aus der Bahn. Der Firmenchef hatte sich noch nicht um seine Nachfolge gekümmert. Die Familie, die das Geschäft nicht selbst übernehmen wollte, stellte einen Geschäftsführer ein. Wenige Jahre später wurde das Unternehmen verkauft. Unter dem neuen Inhaber, einem großen Fleischfabrikanten, gab es noch mehrere Wechsel in der Geschäftsführung, während die Umsätze immer weiter bergab gingen. Als wir engagiert wurden, hatte das Verkaufsteam bereits jahrelang ohne konstante Führung gearbeitet. Die Mitarbeiter, die zum Teil noch unter dem ehemaligen Besitzer tätig gewesen waren, versuchten so gut wie möglich, sich mit der Situation zu arrangieren. Dennoch war einiges in Schieflage geraten.

Typisch für so eine Konstellation hatte sich einer der Mitarbeiter zum Anführer des Verkaufsteams aufgeschwungen. Nachdem er die Leitung zunächst informell übernommen hatte, ernannte ihn einer der Geschäftsführer schließlich auch offiziell zum Verkaufsleiter. Der frisch gekürte Leiter hatte selbst die mit Abstand besten Verkaufszahlen und tat nun alles dafür, dass das auch so blieb. Während er einerseits seine Kollegen unter Druck setzte, sorgte er auf der anderen Seite immer wieder dafür, dass er selbst die beste Ware und die besten Kunden hatte. Die anderen Kollegen schlugen sich durch, so gut sie konnten – stets verzweifelt darum bemüht, den Anschluss nicht ganz zu verlieren.

Ein klassischer Fall, den wir schon häufig erlebt haben: Nach dem Weggang oder dem Tod der Leitfigur verliert das Team den Halt und rutscht vom purpurnen auf den roten Level. Dort gilt das Überleben des Stärksten. Diese Phase lässt sich allerdings nicht umgehen. Die Mitarbeiter müssen sich freischwimmen und lernen, auf eigenen Füßen zu stehen. Dass dabei zunächst Chaos entsteht, ist normal und unumgänglich.

Nötiger Zwischenschritt: von Purpur zu Rot

Die perfekte neue Führungskraft in so einer Situation ist ein Chef mit großer Erfahrung und gelbem Wertelevel. Er versteht, dass das Team sich Schritt für Schritt entwickeln muss und dass jeder dieser Schritte wertvoll ist, auch wenn er Zeit braucht. Führungskräfte, die dieses Verständnis nicht haben, versuchen dagegen ihr eigenes Wertesystem einzuführen, egal ob dieses nun passt oder nicht.

Der neue Chef sollte in der Lage sein, die verschiedenen Persönlichkeiten und vorhandenen Wertesysteme der Mitarbeiter zu ergründen und mit ihnen zu arbeiten. Auch wenn die Mitarbeiter sich im vorhandenen Kontext vielfach rot zeigen werden, sind sie aller Wahrscheinlichkeit nach in ihrer persönlichen Entwicklung bereits auf anderen Levels angekommen. Eine erfahrene Führungskraft wird es schaffen, die sich daraus ergebenden Potenziale zu erkennen, und die Mitarbeiter motivieren, diese in die Neugestaltung der Firma einzubringen.

Chefsache: Potenziale erkennen und Mitarbeiter motivieren

Der nächste wichtige Schritt besteht darin, die gesamte Organisation auf den blauen Level zu überführen. Das Team braucht Regeln, nach denen es sich verhalten und arbeiten kann. Was früher vom Patriarchen entschieden wurde, muss nun offiziell festgelegt und für alle nachvollziehbar sein. Nach dem »Ausflug ins Chaos« wird es zwar zunächst schwierig sein, die Mitarbeiter wieder in geordnete Bahnen zu führen. Doch nach kurzer Zeit werden die meisten erkennen, dass Regeln helfen, um produktiver und konstruktiver miteinander zu arbeiten.

Übergang zu Blau mithilfe neuer Regeln Im Verkaufsteam des Wurstherstellers regten wir zum Beispiel an, dass das morgendliche Meeting dafür genutzt wurde, die Ware gerecht unter allen Verkäufern aufzuteilen. Damit die Mitarbeiter über den Tag einen besseren Überblick hatten, wurden Tabellen eingeführt, die aktuelle Bestände transparent für alle anzeigten. Früher war es manchmal passiert, dass manche Artikel, die bereits ausverkauft waren, aus Mangel an Information noch Kunden angeboten wurden. Hinterher musste der betreffende Verkäufer bei den Kunden anrufen und Farbe bekennen. Die Kunden waren angesichts solcher Nachlässigkeiten natürlich ärgerlich und kauften das nächste Mal lieber woanders.

Zusätzlich führten wir im Verkauf klare Regeln für den Umgang untereinander und mit Kunden ein. Darin wurde festgelegt, wie und in welcher Zeit Angebote verschickt und Anfragen beantwortet werden sollten. Außerdem gab es neue Abmachungen für den Informationsaustausch innerhalb des Teams. Zunächst taten sich die Mitarbeiter und besonders der Verkaufsleiter damit schwer. Doch mit der Zeit merkten alle Beteiligten, dass sich die Arbeit mithilfe der Regeln professioneller, einfacher und friedlicher erledigen ließ. Das Team war in der blauen Welt angekommen.

Den sanften Übergang von Purpur zu Rot managen Tipps für den Übergang von Purpur zu Rot:

- Lassen Sie sich ein wenig Zeit mit der Analyse der Ist-Situation. Das Team muss erst den Verlust der Leitfigur verkraften. Zudem ist es wichtig, bisherige Abläufe und Verdienste zu würdigen. Wenn Sie zu schnell Veränderungen einführen, rennen Sie gegen Wände.

- Beobachten Sie in dieser Zeit, wie die verschiedenen Mitarbeiter sich mit der neuen Situation arrangieren. Wer tut sich hervor? Wer wird aktiv? Wer übernimmt Verantwortung?
- Setzen Sie sich bald mit denjenigen zusammen, die informell Führung übernommen haben. Besprechen Sie mit diesen Personen, wie Prozesse in Zukunft gestaltet werden müssen.
- Schaffen Sie klare hierarchische Strukturen. Wenn er sich fachlich und menschlich eignet, übergeben Sie dem informellen Anführer auch offiziell eine Führungsposition.

Tipps für den Übergang von Rot zu Blau:

Von Rot zu Blau – ein Prozess von oben nach unten

- Sorgen Sie dafür, dass die neuen Vorgesetzten Verantwortung für die Arbeitsqualität des Gesamtteams übernehmen und nicht nur selbst versuchen, gut dazustehen. Führen Sie also die Führungskräfte als Erstes von Rot zu Blau.
- Definieren Sie Aufgabenbeschreibungen, Abläufe und Hierarchien, sodass jeder Mitarbeiter weiß, was er zu tun hat. Das System muss in Zukunft unabhängig von einzelnen Personen funktionieren. Die Führungskräfte sorgen für die Einhaltung dieser Abläufe und Regeln.
- Kontrollieren Sie zu Anfang genau, ob das neue System funktioniert und sich alle daran halten. Machen Sie klar: Veränderungen müssen von oben ausgehen. Mit der Zeit können Sie Ihre Kontrolle etwas zurücknehmen, ohne aber ganz damit aufzuhören.
- Optimieren Sie das System weiter. Nicht alles wird zu Beginn schon reibungslos laufen. Mit dem ständigen Blick auf Qualität (blaue Werte) werden Sie aber immer besser.

Willkommen in der Marktwirtschaft:
von Blau zu Orange

Wenn die Wertelevels nicht harmonieren Während Vertriebsteams oft stark von orangen Werten geprägt sind, ist das in anderen Bereichen nicht immer so. Das merkten wir, als wir von einem Medizintechnikunternehmen engagiert wurden. Forschung, Entwicklung und Produktion des Herstellers von Diagnostikgeräten für medizinische Labore waren an einem eigenen Standort untergebracht, der weit weg von allen anderen Bereichen und zudem ziemlich abgelegen war. Nach Einschätzung des Vertriebs stand das sinnbildlich für die Arbeitsweise dieser Abteilungen. Produkte wurden, so der Verkauf, meistens an den Kunden und ihren Bedürfnissen vorbei entwickelt. Perfektion wurde großgeschrieben, Nutzen und Anwendbarkeit für die Kunden wurden dagegen oft übersehen. Das stark blau geprägte Wertesystem dieser Bereiche war allerdings nachvollziehbar, da viele Regeln eingehalten werden mussten und Qualität eine entscheidende Rolle spielte. Aus Sicht des Vertriebs wurden bei diesen Bestrebungen allerdings die Kundeninteressen nicht bedacht.

Forschung, Entwicklung und Produktion mussten deshalb lernen, kundenorientierter und damit auch ergebnisorientierter zu denken. Um das zu erreichen, sollte das Unternehmen bessere Möglichkeiten für die Entwickler schaffen, mit den Kunden zu sprechen. Was zunächst grün klingt, ist aber durch und durch orange. Nur wenn Produkte und Lösungen entwickelt werden, die sich verkaufen lassen, kann das Unternehmen seine Ziele erreichen. An diesen Zielen war bis zu diesem Zeitpunkt oft vorbei geforscht, entwickelt und produziert worden.

Eine Annäherung findet nur über echte Kommunikation statt Zunächst brachte das Unternehmen seine Kunden zum Forschungsstandort. In regelmäßigen Meetings lernten die Entwickler nun, was Kunden wirklich interessierte. Heute finden alle größeren Meetings mit Kunden am Produktionsstandort statt, um den ständigen Kontakt zu gewährleisten. In regelmäßigen Future-Workshops arbeiten alle relevanten Bereiche des Unternehmens gemeinsam mit den Kunden an zukünftigen Lösungen und Strategien. Der Erfolg gibt dieser Vorgehensweise recht. Das Unternehmen steht inzwischen wieder besser da, weil die Produkte echte Kundenbedürfnisse erfüllen.

Tipps für den Übergang von Blau zu Orange

Von Blau zu Orange: das Ziel im Blick, Prozesse optimieren, Erfolge feiern

- Ein wesentlicher Unterschied zwischen blauen und orangen Sichtweisen ist der Blick nach vorn, der auf Level Orange eine wichtigere Rolle spielt. Konzentrieren Sie sich zunächst auf die zukünftige Strategie. Was soll erreicht werden? Wohin soll sich das Unternehmen entwickeln?
- Leiten Sie Ziele ab. Was muss bis wann erreicht werden, um die Umsetzung der Strategie zu unterstützen? Wer muss was tun? Wie können diese Schritte gemessen und überwacht werden?
- Führen Sie zielorientierte Mess- und Vergütungssysteme ein. Wer Aufgaben erledigt, die dem Ergebnis dienen, wird belohnt und gefördert.
- Überlegen Sie, welche neuen Fähigkeiten benötigt werden, um ergebnisorientiert zu arbeiten. Oft ist es beispielsweise wichtig, das Verhandlungs- und Überzeugungs-Know-how zu stärken. Auch lösungsorientiertes Denken spielt eine größere Rolle als bisher und sollte trainiert werden.
- Zeit ist ein wichtiger Faktor, um im Markt besser dazustehen. Überprüfen Sie, wo Prozesse, Strukturen und Kontrollmechanismen verschlankt und entschlackt werden müssen, um schneller und wendiger zu werden. Setzen Sie stärker als bisher Prioritäten. Welche Qualitätskriterien sind nach wie vor wichtig? Welche sind überflüssig für Ihre Kunden?
- Messen Sie Ihre Erfolge und belohnen Sie sich. Wenn die Mitarbeiter lernen, dass die Strategie aufgeht und die Kunden zufrieden sind und kaufen, werden Sie bereitwillig mitwirken.

Die Zeit des Kämpfens ist vorbei: Orange – Grün

Zielerreichung und Erfolg in allen Ehren – jeder Level hat aber auch Schattenseiten und birgt Risiken. Auf Level Orange machen beispielsweise offene und verdeckte Konflikte den Mitarbeitern das Leben schwer. Als Beispiel eignet sich noch einmal der Medizingerätehersteller aus dem vorigen Abschnitt, um diesen Punkt zu veranschaulichen.

Das Dilemma: jeder für sich statt alle gemeinsam

Drei Bereiche des Herstellers standen im direkten Kundenkontakt. Vertriebsmitarbeiter, Anwendungsberater und Servicetechniker waren zu unterschiedlichen Zeitpunkten bei den Kunden. Nachdem der Vertrieb verkauft hatte, wurde das System von den Anwendungsberatern eingeführt und die Kunden erhielten eine Schulung. Im laufenden Betrieb waren dann die Servicetechniker für die Reparaturen zuständig und verbrachten dementsprechend viel Zeit bei den Kunden. Vertrieb und Service hatten jedoch kaum Kontakt und tauschten sich nicht oder nur ganz selten über Kunden aus. Dafür redeten sie gerne und viel übereinander und klagten über die jeweils anderen Abteilungen. Der Vertrieb machte aus Sicht der Anwendungsberater zu viele falsche Versprechungen. Der Service monierte die unzureichenden Schulungen der Anwendungsberater. Und die Vertriebler beschwerten sich, dass Service und Anwendung einerseits offensichtliche Verkaufschancen übersahen und andererseits »die Dinge zu kompliziert machten« und damit Kunden verunsicherten.

Team-Selling als Lösungsmöglichkeit

Was lag deshalb näher, als die drei Bereiche zusammenzuführen und gemischte Kundenbetreuungsteams zu bilden? Zunächst bereiteten wir die Abteilungen in Workshops einzeln auf das Thema Team-Selling vor. Jeder Bereich erarbeitete, was er zur besseren Kommunikation beitragen konnte. Der Verkauf musste zum Beispiel lernen, die Techniker früher in Verkaufsprozesse einzubeziehen. Die Anwendungstechniker wurden sensibilisiert, den Kunden in seiner Kaufentscheidung zu bestätigen und ihm einen reibungslosen Start mit der neuen Technik zu ermöglichen. Die Servicetechniker mussten sich bewusst werden, dass sie als Bereich mit dem häufigsten und intensivsten Kundenkontakt eine wichtige Brücke zurück zum Vertrieb schlagen konnten. Es sollte ihnen zukünftig gelingen, mehr mit den Kunden zu sprechen, »Insider«-Informationen über geplante Investitionen zu beschaffen und die Kollegen über Wettbewerbsaktivitäten zu informieren.

Im nächsten Schritt trafen sich die neuen Sales-Teams regionsweise und vereinbarten, wie Zusammenarbeit und Kommunikation in Zukunft laufen sollten. Sie etablierten neue Spielregeln im Verkaufsprozess und überlegten sich, wie sie Informationen untereinander besser zugänglich machen und sich regelmäßig austauschen konnten. Im Laufe des Prozesses ergab sich jedoch noch ein weiteres typisches Problem. Alle drei Bereiche waren organisatorisch separat aufgestellt. Während die Mitarbeiter eine gute, offene Kommunikation miteinander befürworteten, arbeiteten ihre Führungskräfte zum Teil noch aneinander vorbei. Erst als auch die drei Bereichsleiter an einem Strang zogen, konnten die Sales-Teams reibungslos arbeiten.

Das Ziel: Alle an einem Strang – auch vertikal!

Tipps für den Übergang von Orange zu Grün

Schlüsselbegriffe: Wissenstransfer, mehr Miteinander, eigenes Regelwerk

- Der erfolgsentscheidende Unterschied von Orange zu Grün ist der Austausch von Wissen. Während auf Orange jeder für sich sorgt, bringen sich auf Grün alle ein, um ein gemeinsames Ergebnis zu erreichen. Überlegen Sie deshalb zunächst, an welchen Schnittstellen in Zukunft mehr Know-how und damit Kommunikation gebraucht wird.
- Schaffen Sie organisatorische Voraussetzungen für mehr Miteinander. Bereiche müssen unter Umständen zusammengelegt und Ziele vereinheitlicht werden. Statt Einzelerfolgen steht in Zukunft das Ergebnis guter Zusammenarbeit im Fokus.
- Schaffen Sie Plattformen für den Austausch. Zum Start ist es wichtig, dass sich die beteiligten Bereiche in gemeinsamen Sitzungen und Workshops besser kennenlernen. Das Wissen um die Arbeitsweisen und Zielsetzungen der anderen öffnet einem verbesserten Austausch meistens Tür und Tor.

- Oft erfordert der offenere Umgang miteinander auch ein besseres Kommunikations-Know-how. Führen Sie Seminare durch, in denen Ihre Mitarbeiter lernen, einander Feedback zu geben, gemeinsame Lösungen auszuhandeln und im Alltag wertschätzend miteinander zu sprechen. Viele Firmen bilden Mitarbeiter zu Moderatoren aus, damit diese interne Teamworkshops leiten können.
- Die Regeln für die zukünftige Zusammenarbeit sollten die Mitarbeiter selbst erarbeiten. Dann stehen sie auch dahinter. Ab Level Grün gilt: »Betroffene zu Beteiligten machen.«
- Ermöglichen Sie Ihren Teams den Austausch, indem Sie räumliche und technische Möglichkeiten dafür schaffen. Telefon- oder Videotechnik helfen, wenn die Kollegen über ein großes Gebiet verstreut arbeiten. Ab und zu sollte es aber auch Gelegenheit für »echte« Treffen geben, bei denen neben der Arbeit der persönliche Kontakt und ein gemeinsames Bier möglich sind.

Vom Kaffeeklatsch zu echter Partnerschaft: Entwicklung von »nettem Grün« zu »verbindlichem Grün«

Vor einiger Zeit bekamen wir den Auftrag, den Außendienst eines großen Pharmaherstellers zu trainieren. Das Unternehmen war in zwei Bereichen Marktführer für bestimmte Wirkstoffgruppen. Als Erfinder dieser Präparate hatte der Hersteller vor Jahren Revolutionäres geleistet. Der Außendienst musste damals echte Pionierarbeit verrichten, um die neuen Wirkungsansätze bei den Ärzten zu etablieren. Mit viel Einsatz war das damals gelungen und das Team profitierte jahrelang von seiner Vorreiterrolle.

Was »nettes Grün« bedeutet

Nun hatten die Produkte das Ende ihres Lebenszyklus erreicht. Viele Wettbewerber waren nachgezogen und hatten Nachahmerprodukte etabliert – und das Ende der Patentlaufzeiten war ebenfalls bereits in absehbare Nähe gerückt.

Was wir vorfanden, als wir unsere Aufgabe übernahmen, war:

- ein gut trainierter Außendienst, der theoretisch das Verkaufshandwerkszeug beherrschen müsste,
- ein sehr hoher Anteil von Level Grün bei fast allen Mitarbeitern,
- langjährige, oft freundschaftliche Kontakte zu den Ärzten,
- wenig Durchsetzungsvermögen, Verbindlichkeit und Zielstrebigkeit.

Durch die Einführung des Pharmakodex, der die Begünstigung von Ärzten durch teure Reisen und Geschenke verbietet, hatten die Pharmareferenten das Gefühl, den Ärzten keine Gegenleistungen für Verordnungen mehr geben zu können. Eine typische Aussage: »Wir können ja nichts anbieten. Warum sollen die Ärzte denn dann unsere Produkte verschreiben?«

Das Team hatte Level Orange bereits vor Jahren hinter sich gelassen. Nach dem anstrengenden Kampf um Marktanteile hatten die meisten den Schritt auf den kooperativen grünen Level vollzogen. Allerdings bedeutete das hauptsächlich, sehr nette und unkomplizierte Kontakte zu den Ärzten zu pflegen, diese aber nicht mehr zu fordern. Unser Lösungsansatz lautete: »Kuschelgrün« in wirklich partnerschaftliches Grün überführen. Im Vertrieb gab es bereits viele gute Ideen, um die Bindung zum Arzt zu stärken. So bot das Unternehmen den Arztpraxen beispielsweise Unterstützung bei den Krankenkassenabrechnungen, Lebensrettungstraining oder Unterstützung bei der Ernährungsberatung an. Das waren Dienstleistungen, die zum Teil mit den Produkten des Pharmaherstellers verbunden, zum Teil davon aber ganz unabhängig waren.

Aus Kuschelgrün soll partnerschaftliches Grün werden

Der Außendienst lernte nun, diese Angebote gezielter einzusetzen, um die Ärzte im Gegenzug zu Verordnungen zu verpflichten. »Eine Hand wäscht die andere«, war das neue Motto. In Seminaren übten die Pharmareferenten, wie sie ihre kooperative Haltung nutzen konnten, um Vereinbarungen auszuhandeln, die auf gegenseitigem Vertrauen basieren. Die Mitarbeiter mussten in diesem Fall nicht auf einen nächsten Level entwickelt werden, sondern lediglich den existierenden Level neu definieren.

Grün wird neu definiert Wenn sich Ihr Verkaufsteam ähnlich darstellt, macht es aus unserer Sicht keinen Sinn, Level Orange zu reaktivieren. Das ist aber die Strategie vieler Verkaufsleiter, die selbst häufig orange ticken. Das Team wird diese Richtung jedoch als einen Schritt »zurück« zu mehr Druck und Wettkampf empfinden und versuchen, dem zu entgehen. Diese Strategie kann also dauerhaft nicht aufgehen. Stattdessen gelingt es aus unserer Erfahrung wesentlich besser, Grün neu zu definieren. Ein qualitativ besseres Grün bedeutet zum Beispiel: geben und nehmen lernen, die Wünsche des anderen aufnehmen, aber auch die eigenen Bedürfnisse und Bedingungen äußern.

Da die kommunikativen Fähigkeiten auf dem grünen Level meist schon sehr gut ausgeprägt sind, reicht oft ein kurzes und gezieltes Verkaufs- oder Verhandlungstraining, um diese Ziele zu erreichen. Die Mitarbeiter müssen lernen,

Inhalte eines grünen Trainings
- dass beide Geschäftspartner einen Anspruch darauf haben, von dem Geschäft zu profitieren,
- wie sie ihre Vorstellungen und Bedingungen dem Kunden gegenüber sachlich und klar formulieren können,
- Vereinbarungen auf Gegenseitigkeit auszuhandeln,
- Hindernisse und Einwände nicht als Ablehnung zu verstehen, sondern sie konstruktiv zu nutzen, um zu sinnvollen Lösungen zu kommen,
- notwendige Konflikte sachlich und offen anzusprechen, ohne Ablehnung zu fürchten. Stattdessen müssen sie verstehen, dass sauber gelöste Konflikte sogar beziehungsfördernd sind.

Ein Beispiel für »gute« grüne Kommunikation ist die Formulierung innerer Konflikte: »Lieber Kunde, ich stecke in einer Zwickmühle: Einerseits will ich unsere gute Beziehung nicht aufs Spiel setzen, andererseits bin ich natürlich hier, um Geschäfte zu machen. Wie können wir damit umgehen?« Diese kommunikativen Fähigkeiten sind unserer Erfahrung nach für Menschen auf diesem Level gut zu erfassen und umzusetzen. Sie sind außerdem das geeignete Handwerkszeug im Hinblick auf den Wechsel zum nächsten Level Gelb.

Mach die Welt bunter! Entwicklung von Grün zu Gelb

Wie Sie bereits wissen, »kann man Gelb nicht lernen«. Dennoch kommt manchmal auch in begleiteten Veränderungsprozessen der Wechsel zustande. Das erlebten wir, als wir einen Verkaufsleiter über einen längeren Zeitraum hinweg in Coachings begleiteten.

Jürgen Müller war für unseren Geschmack fast ein bisschen zu grün. Er bemutterte sein gesamtes Team, besprach alles in epischer Breite und redete überhaupt sehr viel und gerne. Meetings mit ihm wurden zu Geduldsproben, weil er sie durch seine Monologe in die Länge zog. Er mischte sich in alles ein und drängte überall ungefragt seine Hilfe auf. Die Situation spitzte sich zu, als er immer mehr unter Druck geriet. In dem Gefühl, dass seine Angebote und Lösungsvorschläge von seinen Mitarbeitern nicht geschätzt und angenommen würden, verlor er eines Tages die Geduld und wurde ausfallend. Seine Hilfsbereitschaft schlug in eine Anklage über die Undankbarkeit seiner Mitarbeiter um. Offenbar vergriff er sich dabei so im Ton, dass eine Abmahnung die Folge war.

Der allzu grüne Verkaufsleiter

Dieses Erlebnis erschütterte Müller zutiefst und er suchte unsere Hilfe. Die Analyse der Situation ergab, dass der Verkaufsleiter seine Mitarbeiter mit seiner unerwünschten Bemutterung einengte und ihnen kaum noch eine Chance zum eigenverantwortlichen Arbeiten gab. Er musste lernen, Verantwortung abzugeben, sich zurückzunehmen und seine Mitarbeiter mehr zu fordern. In

Meetings beispielsweise übergab er nun die Moderation an seine Mitarbeiter. Das Erarbeiten von Lösungsvorschlägen überließ er ebenfalls komplett seinem Team. Zusätzlich übte er, seine Erwartungen und Regeln an das Team klarer zu formulieren. Das war wichtig, um seinen größtenteils blauen Mitarbeitern Orientierung zu geben.

Der Prozess hin zu Gelb findet auf der Persönlichkeitsebene statt

Als wir nach einem Jahr die Messung seiner Werte wiederholten, ergab sich ein verändertes Bild. Müllers Gelbanteil war deutlich gewachsen. Grün dagegen war zurückgegangen. Seinen Blauanteil hatte Müller ebenfalls, passend zu seinem Team, etwas erhöht. Dieser Effekt ergab sich, weil er besser verstand, wie seine Mitarbeiter dachten und arbeiteten. Er lernte, mit ihnen levelgerecht zu kommunizieren. Ein solcher Weg von Grün zu Gelb findet hauptsächlich auf der Persönlichkeitsebene statt. Die echte Überzeugung, dass alle Levels berechtigt sind, kann nur wachsen, wenn Menschen mit sich selbst ins Reine kommen. Voraussetzung dafür ist die Stärkung eines positiven Selbstgefühls und das Arbeiten an den eigenen Mustern und Anteilen. Die Bereitschaft zu dieser grundlegenden Auseinandersetzung mit sich selbst entsteht, wie im Beispiel, meist aus persönlichen Verletzungen und dem Gefühl heraus, so nicht mehr weitermachen zu können. Sie ist also immer selbstinitiiert.

Risiken und Nebenwirkungen in Veränderungsprozessen

Wohl jeder Mensch kennt Phasen, in denen er es einfacher findet, das Bewährte beizubehalten, auch wenn es nicht mehr ideal ins Leben passt. Auch Sie haben sicher schon einmal notwendige Veränderungen auf die lange Bank geschoben, weil sie Ihnen zu unbequem oder unsicher erschienen. Es ist wichtig, sich diese ganz natürliche »Trägheit« oder Angst vor dem Neuen zu vergegenwärtigen, wenn Sie Entwicklungen anstoßen und Dinge verändern wollen. Neben der logisch-sachlichen Ebene gibt es eben noch die menschlich-emotionale und diese ist nicht zu unterschätzen. Kalkulieren Sie die folgenden Risiken und Nebenwirkungen in Veränderungsprozessen deshalb unbedingt ein:

1. Das Tal der Tränen ist nicht zu umgehen
Veränderungen bedeuten auch immer Abschied von Altem, Bewährtem und Vertrautem. Auch wenn Ihre Mitarbeiter scheinbar verstehen, dass sich etwas entwickeln muss, werden sie Zeit brauchen, diesen Schritt zu verdauen – und je nach Typ dauert es unterschiedlich lang. In dieser Phase des Übergangs müssen Sie mit Unsicherheit und Passivität, manchmal sogar mit offenem Widerstand rechnen. Als Veränderungsprofis sprechen wir vom »Tal der Tränen«, das durchschritten werden muss. Fatalerweise kommt dieser emotionale Umbruch zeitlich meist nach der rationalen Einsicht. Ihre Mitarbeiter haben also wahrscheinlich schon bestätigt, dass Veränderungen notwendig sind. Und erst danach fallen sie noch einmal ins Jammertal zurück. In dieser Phase ist es Ihr Job, geduldig zuzuhören, zu würdigen, dass das Altvertraute zu seiner Zeit gut und richtig war, und abzuwarten, bis der Schritt vollzogen ist.

Den Übergang begleiten und Geduld bewahren

2. Unterschiedliches Tempo
Als Führungskraft, die Neuerungen anstößt, durchlaufen Sie den oben beschriebenen klassischen Veränderungsprozess, bevor Ihre Mitarbeiter das tun. Dessen müssen Sie sich bewusst sein. In unserer Arbeit erleben wir allerdings immer wieder das Gegenteil. Ein klassischer Satz von Chefs in dieser Phase: »Ich dachte, der neue Weg wäre schon für alle klar. Ich bin erstaunt, dass meine Leute noch nicht weiter sind.« Auch in diesem Punkt brauchen Sie Geduld. Ihr Team holt irgendwann auf.

3. Vom »So tun als ob« zur echten Veränderung
Neues Verhalten, veränderte Abläufe und ungewohnte Regeln – das alles fühlt sich erst einmal »falsch« an. Oft haben Menschen das Gefühl, sich zu verstellen, wenn sie etwas Neues ausprobieren sollen. Das wird auch Ihrem Team und möglicherweise sogar Ihnen selbst so gehen. Erinnern Sie sich und Ihre Mannschaft in solchen Situationen an die Zeit, in der Sie Autofahren gelernt haben. Wie ungewohnt fühlte sich diese Blechkiste zu Beginn an.

Vergangene Erfahrungen nutzen

Wie überfordert waren Sie während der ersten Fahrstunden durch die vielen Knöpfe und Pedale und die komplexe Situation um sich herum! Dennoch fahren Sie heute selbstverständlich und ohne nachzudenken. Sie können dabei sogar noch essen, trinken, Radio hören oder sogar alles gleichzeitig. Lernprozesse laufen generell so ab. Durchhalten und üben führt schnell zu echtem Können.

4. Es gibt Verluste

Verluste akzeptieren und den Prozess von oben unterstützen

Die hier beschriebenen Veränderungen betreffen einen echten Kulturwandel in einem Team oder Unternehmen. Nicht jeder Mitarbeiter wird sich damit wohlfühlen. Viele gewöhnen sich nach einer Weile an die »neuen Zeiten«. Manche jedoch kommen nie an. Sie passen einfach nicht in die neue Kultur. Auch das gehört zu Entwicklungsprozessen. Wenn Sie erkennen, dass ein Mitarbeiter den Wandel nicht vollziehen kann, müssen Sie sich eventuell von ihm trennen. Vielleicht zieht der Mitarbeiter auch von selbst die Konsequenzen. So oder so ist ein solcher Schritt nützlich für alle Beteiligten.

5. Veränderungsprozesse müssen immer von oben unterstützt werden

Die hierarchisch höchsten systemrelevanten Personen müssen eine Veränderung unterstützen, damit sie konsequent umgesetzt werden kann. Wenn Sie Ihr Vertriebsteam verändern wollen, brauchen Sie die Rückendeckung vom Sales Director. Sind mehrere Bereiche betroffen, muss der Geschäftsführer den Prozess verantworten. Wichtig ist: Nur mit Unterstützung von oben lassen sich echte Entwicklungen vollziehen.

Schlusswort

»So wird verkauft!« Vielleicht haben Sie beim Lesen dieses Titels gehofft, endlich das Patentrezept für Ihre Vertriebsorganisation zu bekommen. Inzwischen wissen Sie es besser. DAS Vertriebskonzept und DAS Erfolgsmodell gibt es nicht. Stattdessen geht es immer wieder darum, zu verstehen, wer auf welchem Level steht und was in diesem speziellen Fall nötig ist, um optimale Ergebnisse zu erzielen und machbare Veränderungen einzuleiten.

Patentrezepte? Fehlanzeige!

Zu Beginn des Buchs haben wir unsere Befragung unter Vertrieblern erwähnt. Die Ergebnisse haben uns selbst überrascht. Wir haben nicht erwartet, dass Vertriebsmitarbeiter persönlich häufig so viel weiter sind als ihre Verkaufsorganisationen. Aber auch die umgekehrte Situation kommt in unserer Praxis vor. Wenn ein neuer Vertriebsleiter ins Unternehmen kommt, kann es durchaus sein, dass er dem Team weit voraus ist. Kein Wunder, dass er Neuerungen in so einem Fall nicht durchsetzen kann und auf Widerstand trifft. Wahrscheinlich hat der neue Chef versucht, Berge zu versetzen und das Team über drei Levelstufen auf einmal zu verändern.

Machen Sie solche Fehler bitte nicht! Wenn Sie schon Berge versetzen wollen, dann tun Sie das bitte Stein für Stein, also Level für Level. Sonst haben Sie keine Chance, dass Ihre Mannschaft Ihnen folgt. Wenn Sie schon einmal in diese Falle getappt sind, wissen Sie, was wir meinen.

Wenn wir Sie sensibilisieren und Ihr Bewusstsein schärfen konnten, haben wir unseren Job gemacht. Und wenn Sie für sich und

Ihre Arbeit Ansatzpunkte für praktische Veränderungen bekommen haben, haben wir ihn sogar gut gemacht. Doch auch mithilfe dieses Buchs werden Sie komplexe Entwicklungen nicht immer alleine in den Griff bekommen. Manchmal braucht es einfach den Blick von außen, um eingefahrene Muster und Fehler im System zu sehen. Holen Sie sich dann bitte Unterstützung. Gern dürfen Sie natürlich uns ansprechen. Wir freuen uns, Ihnen zu helfen. Und wir freuen uns, wenn wir es mit diesem Buch bereits getan haben.

Herzliche Grüße aus Luzern und Ravensburg

Ihre *Franziska Brandt-Biesler*
und Ihr *Rainer Krumm*

ANHANG

Typische Organigramme

Für jeden Level gibt es eine typische Organisationsform[26], in der sich die Werte des Levels gut umsetzen lassen. Um Ihnen das zu veranschaulichen, zeigen wir Ihnen im Folgenden Organigramme, die die Arbeitsweise und Kommunikation zum jeweiligen Level passend unterstützen. Diese Organigramme können sich auf ein Gesamtunternehmen oder auf einen Unternehmensbereich beziehen. So kann zum Beispiel das Unternehmen blau organisiert sein, der Vertrieb für sich aber ein oranges Organigramm bevorzugen.

Purpur

Klare Entscheidungen, einfache Struktur

In purpurnen Organisationen laufen Abstimmungen im Zweifelsfall immer über den »Chef«. Wenn er Entscheidungsbefugnisse delegiert, wissen alle Beteiligten, wie der Chef entscheiden würde, und handeln streng in seinem Sinne. Das Berichtswesen ist ebenfalls auf den Hauptentscheider ausgerichtet. Alle Informationen laufen ganz nach oben. Dazwischengeschaltete Hierarchieebenen gibt es oft gar nicht. Sind sie in größeren Unternehmen trotzdem notwendig, stehen die jeweiligen Führungskräfte im direkten und engen Austausch mit dem obersten Entscheider.

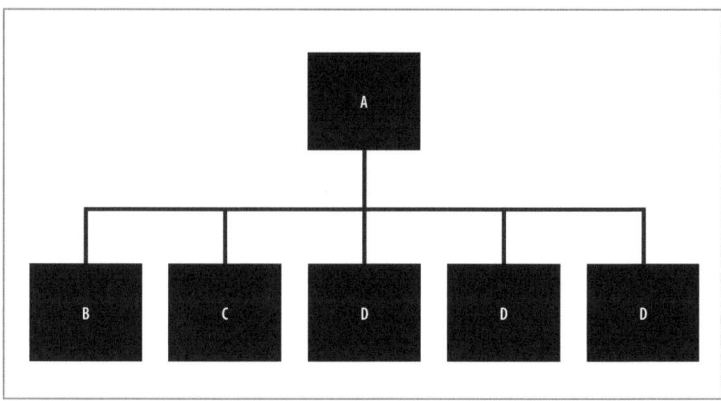

Abbildung 10: Organigramm Purpur

Rot

In roten Organisationen ist das Organigramm oft ganz einfach aufgebaut. Alle Bereiche machen mehr oder weniger das Gleiche: verkaufen. Das Organigramm unterscheidet deshalb nicht nach Aufgaben, sondern nur nach Gebieten und Regionen. Mitarbeiter A berichtet an Regionalleiter A und dieser an Gebietsleiter A. Die Aufteilung in Abteilungen dient nur der Verkleinerung der Gruppen. Die Verkaufsmitarbeiter werden, ebenso wie die nächste Führungsebene, in führbare Einheiten aufgeteilt. Die Führungskräfte haben in roten Organisationen oft noch ein eigenes Verkaufsgebiet, um den Mitarbeitern zu zeigen, »wie man's macht«. Aufstiegschancen hat jeder, der Umsatz generiert – unabhängig von Bildungsstand oder Qualifikation.

Gleiche Aufgaben, unterschiedliche Gebiete

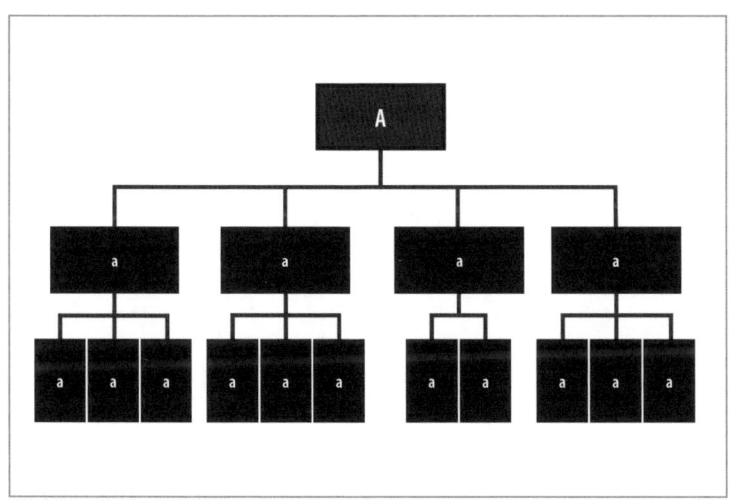

Abbildung 11: Organigramm Rot

Blau

Vielfältigere Aufgaben bei strenger Hierarchie

Der blaue Level erscheint in der Regel, wenn Organisationen größer und komplexer werden. Die damit verbundenen vielfältigen Aufgaben müssen geregelt und strukturiert werden. Die Kommunikationswege sind hierarchisch ausgerichtet und werden stets eingehalten. Qualität, Berechenbarkeit und Verlässlichkeit: So lauten die Tugenden der blauen Welt. Verantwortlichkeiten sind klar definiert. Regeln und Abläufe werden dokumentiert, Abweichungen und Verfehlungen streng sanktioniert. Das Risiko dieser Organisationsform besteht im »Silodenken«. Die Kommunikation untereinander ist schwierig, da immer der Dienstweg eingehalten werden muss. Oft arbeitet deshalb jeder Bereich lieber für sich allein, als den Austausch mit anderen zu suchen.

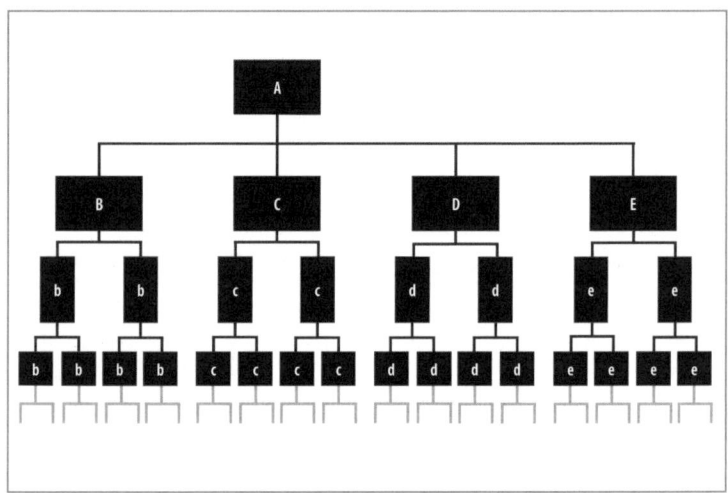

Abbildung 12: Organigramm Blau

Orange

Proaktivität und Prozessorientierung spielen in orangen Organigrammen eine große Rolle. Das Ziel und der Kunde stehen im Mittelpunkt. Die Kommunikation über den direkten »kleinen Dienstweg« wird offiziell gelebt und ist erwünscht. Effektiv und schnell soll es gehen auf Level Orange. Meist sind die Hierarchien deshalb wieder flacher und durchlässiger als auf Level Blau. Der »Stille-Post-Effekt«, der durch die vielen Schnittstellen auf Level Blau entstand, wird vermieden, weil Bereiche direkt miteinander reden und Entscheidungen treffen dürfen.

Mehr Prozessorientierung und gleichzeitig proaktiv

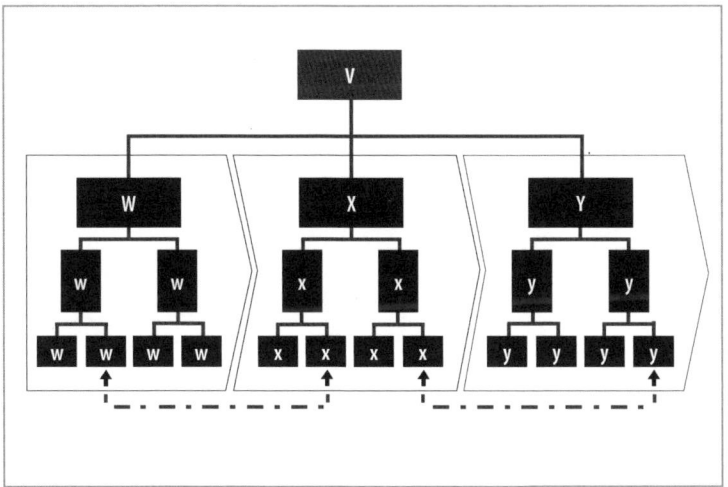

Abbildung 13: Organigramm Orange

Grün

Zusammenarbeit und Kommunikation werden gelebt

Die typische Organisationsform des grünen Levels ist die Matrix. Obwohl sie auch in blauen und orangen Unternehmen oft schon eingeführt wird, kann sie erst auf Level Grün wirklich funktionieren. Die Kommunikationskultur ist so weit entwickelt, dass das gemeinsame Arbeiten an Zielen ein logischer Schritt ist. Die meisten Matrixorganisationen in Unternehmen auf anderen Entwicklungsstufen funktionieren nur, weil es dicke Handbücher gibt, die die Matrixregeln beschreiben. In solchen Unternehmen ist die Arbeit in Projekten erfahrungsgemäß ein mühsamer Prozess, der viel Kraftanstrengung und Überzeugungsarbeit braucht, um ihn am Leben zu erhalten. In der grünen Welt dagegen ist diese Kraftanstrengung nicht mehr nötig. Zusammenarbeit und Kommunikation werden gelebt.

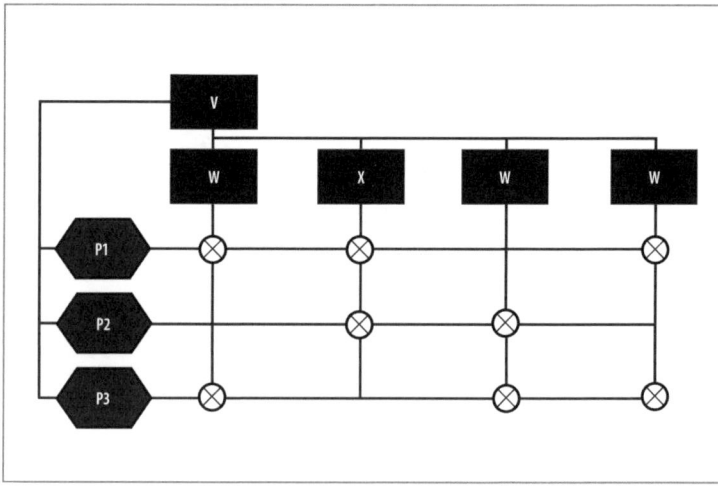

Abbildung 14: Organigramm Grün

Gelb

Auf Level Gelb schließlich werden alle Organisationsformen kombiniert. Je nach Verantwortungsbereich nutzen gelbe Organisationen die jeweils passendste Form. Diese kann aber auch jederzeit verändert und modifiziert werden, wenn andere Aufgaben übernommen oder andere Kommunikationswege als sinnvoller erachtet werden. Das gelbe »Organigramm« ist fokussiert auf das jeweilige Projekt und das Ergebnis, das erreicht werden soll. Die Finanzen sind dann vielleicht weiterhin blau strukturiert, während der Vertrieb in grünen Vertriebsteams am schlagkräftigsten arbeiten kann. Und manchmal können purpurne Rituale das komplexe Gebilde zusammenhalten, wenn es wichtig ist.

Die Form dient dem Inhalt

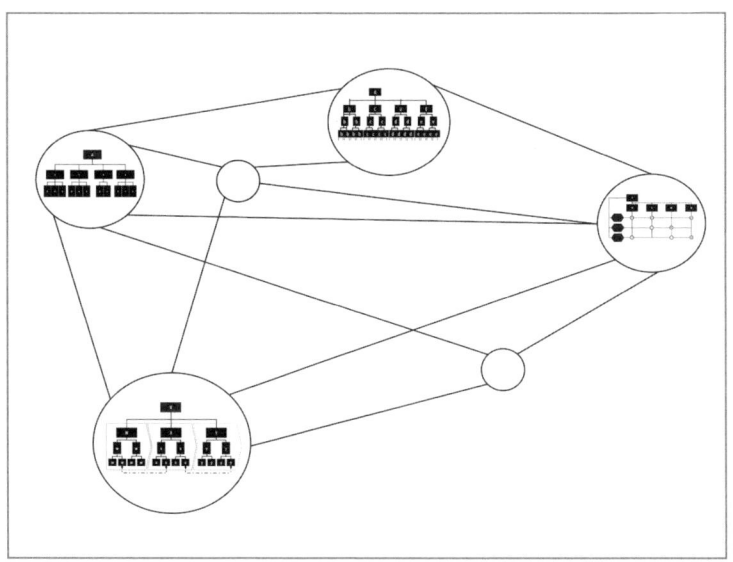

Abbildung 15: Organigramm Gelb

Das 7-S-Modell auf die Levels in Vertriebs-organisationen bezogen

Purpurne Vertriebsorganisationen

Gemeinsame Werte – Shared Values	Tradition, Zugehörigkeit, Gewohnheit, Harmonie und Einklang, Sicherung der Existenz, Heimat, Bindung, Rituale
Führung und Kultur – Style	Fokussierung auf den Patriarchen; Diskussion von Entscheidungen, wobei der Patriarch Konsens bildet; Statussymbole stehen nur dem Oberhaupt zu; Stellung und Position des Patriarchen werden nicht infrage gestellt.
Mitarbeiter – Staff	Keine Entwicklungsprozesse; Modelle (Gehalt, Arbeitszeit etc.) ungeregelt.
Fähigkeiten – Skills	Lernen durch klassische Konditionierung, Routinen; Schritt für Schritt; Junioren werden von Senioren angeleitet.
Struktur – Structure	Einfache Vertriebshierarchie; ein Patriarch, viele Mitglieder mit fester Rangfolge auf der zweiten Ebene; keine fest definierten Zuständigkeiten; alle fühlen sich verantwortlich und verbunden.
Strategie – Strategy	Status quo erhalten; Grundbedürfnisse und den Fortbestand der Organisation sichern.
Systeme und Prozesse – Systems	Wenige definierte Prozesse, stattdessen gelebte Routinen; keine steuernden Prozesse; kaum Systeme und Tools.

Rote Vertriebsorganisationen

Gemeinsame Werte – Shared Values	Marktmacht, Unabhängigkeit, Gewinnen um jeden Preis, Bewunderung und Respekt, der eigene Vorteil (Macht bei der Führungskraft / das pure Überleben auf der Ebene der Mitarbeiter); Vermeidung von »Schande«.
Führung und Kultur – Style	Ringen um knappe Vertriebsressourcen; Entscheidungen von oben nach unten; alles Tun und Handeln zentral um die Führungsperson; eine Führungsperson macht sich selbst unverzichtbar (nahezu alles ist »Chefsache«); Angst vor Fehlern; der Chef zeigt, was Sache ist.
Mitarbeiter – Staff	Ein Heer von »Vertrieblern«, austauschbar; starkes Gehalts- und Einflussgefälle von oben nach unten; die Entlohnung erfolgt überwiegend nach individueller Leistung; starke Incentive-Aktionen mit Gewinnern und Verlierern.
Fähigkeiten – Skills	Lernen durch operante Konditionierung mit sofortiger Belohnung oder Bestrafung; Vermeidungsverhalten, starke Fokussierung auf die vertriebliche Hauptaufgabe.
Struktur – Structure	Strenge Hierarchien; klassische Führungsspanne von 6 bis 15 Mitarbeitern pro Vorgesetztem; keine funktionale Gliederung.
Strategie – Strategy	Erobern neuer Märkte, schneller Ertrag, Machtgewinn; Marktanteile und Umsatzsteigerung sind im Fokus.
Systeme und Prozesse – Systems	Wenige definierte Prozesse, insbesondere keine planenden und steuernden Prozesse; rudimentäre IT-Unterstützung; oft Hauruck-Aktionen.

Blaue Vertriebsorganisationen

Gemeinsame Werte – Shared Values	Loyalität, Ordnung, Sicherheit und Klarheit, Gerechtigkeit, Disziplin, Ehre und Titel, Status
Führung und Kultur – Style	Viele Regelungen, Risiko der Überreglementierung und Bürokratie; oft wird auch der Vertriebsprozess gelähmt; Führung eher autoritär; Forderung, Regeln einzuhalten und ungewissen Rahmen zu optimieren; Vermeidung von Fehlern und Schuld.
Mitarbeiter – Staff	Langjährige Mitarbeit im Unternehmen, große Loyalität, viele festgeschriebene Regeln; Beförderung und Bezahlung auf Grundlage der »Dienstjahre« oder der Hierarchie.
Fähigkeiten – Skills	Einhalten von Regeln, große Organisationen aufbauen; Planung im eigenen Verantwortungsbereich, Vermeidungslernen (keine Fehler machen).
Struktur – Structure	Funktional, streng hierarchisch
Strategie – Strategy	Existenz und Größe des Unternehmens sichern.
Systeme und Prozesse – Systems	Klar geregelte Vertriebsprozesse, sequenziell und geordnet; Prozesse zumeist nicht funktionsübergreifend und im mittleren Reifegrad; planende und steuernde Prozesse innerhalb der Sparten (detailorientierte Zahlen); viele IT-Systeme.

Orange Vertriebsorganisationen

Gemeinsame Werte – Shared Values	Erfolg, Wertschöpfung, Zielorientierung, Konzentration, Wachstum (Managed Volume), Lösungsorientierung, »open mind«
Führung und Kultur – Style	Prinzip hoher Selbstverantwortung, Freiheit und Herausforderung; Steuerung und Führung anhand von Zielen, Key Performance Indicators und Management by Objectives; unternehmerische Verantwortung, Kundenorientierung, Integration von Partnern, bereichsübergreifende Vernetzung.
Mitarbeiter – Staff	Hohe Verantwortungsannahme, messbare Ziele, Kennzahlen, flexible Arbeitszeiten; Unternehmen im Unternehmen; Sitzen im »driver seat«.
Fähigkeiten – Skills	Marktausrichtung, strategisches Handeln; Prioritäten bilden und einhalten, Wettbewerb mit Belohnung (Prämien, Incentives).
Struktur – Structure	Prozessorientiert, teilweise mit mehrfachen Berichtswegen; Vernetzung zwischen Verantwortungsbereichen, temporäre Projektorganisationen, flache Hierarchien, Lean Management.
Strategie – Strategy	Streben nach Erfolg, Umsatz- und Deckungsbeitragssteigerung.
Systeme und Prozesse – Systems	Reife, übergreifende Prozesse; Fokus auf planende und steuernde Prozesse; Steuerung der Strategieumsetzung; durchgängige IT-Unterstützung; effiziente Systeme.

Grüne Vertriebsorganisationen

Gemeinsame Werte – Shared Values	Gemeinschaft, langfristige Erfolgssicherung, Flexibilität, persönlich und menschlich wachsen, »open heart«, Toleranz.
Führung und Kultur – Style	Gemeinsam mehr Vertriebsziele erreichen, als es jeder Einzelne könnte; Wertschätzung der eigenen Fähigkeiten erleben; kollaborative und konsensbildende Arbeit, reife Fehlerkultur zur Verbesserung der Qualität.
Mitarbeiter – Staff	Mitarbeiter sind die Kernressource des Vertriebs; Team-Unterstützungswerkzeuge, Wissensmanagement, Best Practice Circle, kollegiale Beratung, homogene Gehaltsstruktur mit leistungsorientierten Teamboni, flexible Arbeitsmodelle.
Fähigkeiten – Skills	Die Unterschiedlichkeit der Menschen nutzen; Beobachtungslernen, Erfahrungslernen, Reflexion und Austausch.
Struktur – Structure	Matrixorganisation, multifunktionale Vertriebsteams
Strategie – Strategy	Streben nach langfristigem Erfolg; Nachhaltigkeit, menschliche Komponente.
Systeme und Prozesse – Systems	Reife Planungs-, Steuerungs- und Wertschöpfungsprozesse im Vertrieb; besonderer Fokus auf Vertriebsprojekte und Prozesse zur Ressourcenplanung.

Gelbe Vertriebsorganisationen

Gemeinsame Werte – Shared Values	Innovation, Wachstum, Integration, Flexibilität, Offenheit, Eigenverantwortung, Wissen, Kompetenz
Führung und Kultur – Style	In großen Zusammenhängen denken und handeln; Vorhandenes unter Nutzung aller positiven Aspekte integrieren, ohne es »gleichmachen« zu wollen; Förderung von Innovationskraft, Flexibilität, Wissen und Kompetenz.
Mitarbeiter – Staff	Grundsätzliche Zielvorgaben; verbindliches und sehr klares Regelwerk; agile Kollaborationsformen
Fähigkeiten – Skills	Selbststeuerung, Information und Ressourcen bereitstellen; neue Lernkontexte schaffen; multiperspektivisch denken und handeln.
Struktur – Structure	Netzwerk, Scrum*; situatives Einsetzen aller Strukturen der vorhergehenden Levels
Strategie – Strategy	Netzwerk, basierend auf Geben und Nehmen; Produkt bzw. Dienstleistung stärker im Vordergrund als das Unternehmen, Selbststeuerung.
Systeme und Prozesse – Systems	Sehr reife, optimierte Prozesse, Fokus auf Governance: Regularien, Strukturen und Prozesse schaffen, sodass alle verfügbaren Ressourcen mit höchstem Mehrwert eingesetzt werden können.

* Vorgehensrahmen im Projektmanagement

Die Matrix

1. Matrix: Wie nimmt der Kunde den Verkäufer wahr und was könnte ihn stören?

VERKÄUFER	KUNDE Purpur	KUNDE Rot	KUNDE Blau
Purpur	In langjährigen Geschäftsbeziehungen gelten Handschlagvereinbarungen mit großer gegenseitiger Wertschätzung. Bei neuen Kontakten gilt eher Zurückhaltung des Kunden. Verkäufer hat noch keinen Vertrauensbonus.	Rot gefällt mangelnde Aggressivität und Risikobereitschaft von Purpur nicht: zu wenig eigene Entscheidungsbefugnis, muss immer erst den Chef fragen. Rot unterstellt Purpur Kompetenzmangel, sucht und braucht aber schnelle Geschäfte.	Tradition (evtl. = Qualität) von Purpur ist hier ein echter Pluspunkt. Dessen gewachsene Regeln und Vereinbarungen können jedoch unklar und intransparent wirken. Für Blau hat das evtl. Anschein von Unüberlegtheit und fehlender Logik.
Rot	Verkäufer zeigt zu wenig Respekt vor Tradition und hat kein Verständnis für den Leitsatz »So haben wir es schon immer gemacht«. Purpur muss aufpassen, nicht über den Tisch gezogen zu werden.	Rot trifft auf Rot. Es kann schnell zur »Reviermarkierung« kommen. Keiner mag dem anderen ein Zugeständnis machen. Eine vorherige Festlegung des Verhandlungsspielraums kann beiden helfen, das Gesicht zu wahren.	Blauen Hierarchien und Regeln wird nicht die erwartete Achtung entgegengebracht. Die Ungeduld und Intensität von Rot kann für Blau schnell ein Ausschlusskriterium sein.

KUNDE Orange	KUNDE Grün	KUNDE Gelb	VERKÄUFER
Mangelnde Ziel- und Ergebnisorientierung und zu wenig Eigeninitiative von Purpur passen schwer mit dem hohen Tempo von Orange zusammen. Orange tendiert dazu, Hierarchieebenen zu überspringen und direkt mit dem Entscheider verhandeln zu wollen.	Eingeschliffene, »verstaubte« und von oben diktierte Strukturen von Purpur treffen bei Grün auf Unverständnis. Verkäufer ist kaum geübt, hierarchieübergreifend und mit mehreren Ansprechpartnern zu kommunizieren.	Kann situationsbedingt und für begrenzte Zeit gut passen. Langfristig zeigt Purpur aus gelber Sicht aber zu wenig Verständnis für Integration und komplexe Strukturen.	Purpur
Hier versteht man sich tendenziell gut. Orange wird jedoch nicht so schnell und nicht um jeden Preis einschlagen. Hier ist die Mehrdimensionalität von erfolgreichem Geschäft gefragt.	Grün ist rasch von der Power des Verkäufers überfordert und wird dessen Aggressivität in keinem Fall gutheißen. Einen ausgeglichenen Dialog zu finden, wird schwer.	Für Gelb ist dieser Verkäufer viel zu einseitig auf Gewinn und Dominanz ausgerichtet. Und darauf kommt es dem Kunden gerade nicht in erster Linie an. Er wird die Aggression von Rot u. U. sogar als Einschränkung seiner Autonomie empfinden.	Rot

VERKÄUFER	KUNDE Purpur	KUNDE Rot	KUNDE Blau
Blau	Zuverlässigkeit und Berechenbarkeit von Blau finden bei Purpur Zuspruch. Nur das zu starke Herausstellen von blauen Kategorien und Richtig-falsch-Logiken kann beim Kunden den Eindruck erwecken, missioniert zu werden.	Rot wird den fehlenden Mut von Blau, auch mal Grenzen zu überschreiten, bemängeln und sich durch Qualitäts- und Strukturvorgaben gebremst fühlen.	Von Qualität zu Qualität – kann bei gleichem Strukturverständnis sehr gut funktionieren. Wenn jedoch jede Seite auf ihren eigenen Vorgaben besteht, kann es schwierig werden, zum Abschluss zu kommen.
Orange	Das zielgerichtete Verhandeln von Orange kann Purpur verunsichern und ihm den Eindruck der Überlegenheit vermitteln. Orange sollte achtgeben, den Kunden nicht zu bedrängen.	Cleverness und smartes Verkaufsgeschick von Orange lassen Rot nicht so recht zum Zuge kommen. Orange muss dem Kunden das Gefühl des »Gewinnens« geben, dann passt es für beide.	Den Vorgaben von Blau entsprechen Dynamik und Flexibilität von Orange schwerlich. Orange kann jedoch für Blau eine echte Chance sein, eigene Regeln auszureizen, wenn es dafür einen profunden Erfolg gibt.

KUNDE Orange	KUNDE Grün	KUNDE Gelb	VERKÄUFER
Orange kann sich gut auf Blau einstellen, da es keine Tricks gibt. Somit kann er seine Zielorientierung ganz geplant einsetzen. Blau zeigt für Orange zu wenig Drive, hier sind mehr Tempo und Flexibilität gewünscht.	Beide haben einen Gemeinschaftssinn, was die Verhandlung fair und sachlich bleiben lässt. Die festen Vorgaben von Blau erscheinen Grün zu strikt.	Auch hier kann Blau wieder mit Qualität und Zuverlässigkeit punkten und wird dafür geschätzt. Gelb nutzt diese Vorteile von Blau zielgerichtet und punktuell, wird sich aber nicht auf Dauer binden.	Blau
Nach dem Motto »Hart aber fair« findet hier intensives und lukratives Geschäftemachen auf Augenhöhe statt und macht beiden Spaß!	Die Zielorientierung ist beiden gemein. Grün agiert jedoch viel kooperativer und einbeziehender, was er auch vom Verkäufer erwartet. Kunde kann sich durch schnellen Entscheidungsdrang von Orange unter Druck gesetzt fühlen.	Gelb schätzt den Elan und die Innovationskraft von Orange, der Schwung kann aber die Kreativität von Gelb auch stören und als Eingriff in dessen Unabhängigkeit empfunden werden.	Orange

VERKÄUFER	KUNDE Purpur	KUNDE Rot	KUNDE Blau
Grün	Der Kunde wird sich definitiv akzeptiert und geachtet fühlen. Knackpunkt ist die gegensätzliche Entscheidungsfindung: Purpur kennt nur den Weg zum Chef, während Grün unter Einbeziehung aller Beteiligten eine Einigung erzielen möchte.	Rot versteht das Harmonie- und Gemeinschaftsthema von Grün nicht und wird mit allen Mitteln versuchen, es zu umgehen. Der Verkäufer könnte entscheidungsschwach auf ihn wirken.	Definierte Dienstwege und Reporting Lines sind für Blau dazu da, dass Entscheidungskompetenzen geregelt werden. Ebenenübergreifende Abstimmungen sind zu langwierig. Dennoch fühlt sich Blau verstanden und wertgeschätzt.
Gelb	Aufgrund des mangelnden Gemeinschaftssinns und der ungenügenden Verbindlichkeit von Gelb wird Purpur schwer Vertrauen zum Verkäufer fassen. Gelb kann abgehoben und wie aus einer anderen Welt wirken.	Rot ist fasziniert von der Kreativität und Multiperspektivität von Gelb, genau dadurch aber auch irritiert. Der Verkäufer bietet kaum »Angriffsfläche«, was ein hartes Verhandeln erschwert. Und genau darum geht es Rot doch.	Flexibilität und Autonomie passen nicht so recht in die blaue Welt. Der Verkäufer kommt nur zum Zug, wenn er sich – zumindest zeitweise – auf die vorgegebene Ordnung einstellt. Seine profunde Kompetenz wird auch Blau überzeugen!

KUNDE Orange	KUNDE Grün	KUNDE Gelb	VERKÄUFER
Orange ist von der Partizipation von Grün angetan, vermisst aber eine flinke Zielfokussierung und eine ausgeprägtere Leistungsbereitschaft. Evtl. wirkt der Verkäufer zu seicht auf ihn.	Kooperative und partnerschaftliche Beziehungen stehen für beide Seiten im Vordergrund. Intensives Diskutieren aller Optionen kann den Geschäftsabschluss jedoch sehr verzögern.	Der Individualität von Gelb steht das Gemeinschaftliche von Grün gegenüber. Der Kunde schätzt die Diskussions- und Integrationsfreude des Verkäufers, ist aber möglicherweise von dessen steter Konsenssuche gelangweilt.	Grün
Für Orange hat Gelb eine gewisse Anziehungskraft. Besonders dessen Unabhängigkeit ist bewundernswert. Beide werden eine gemeinsame Ebene im unternehmerischen Denken und Handeln finden.	An Diskussionen wird sich Gelb mal beteiligen, mal wieder nicht. Die Unstetigkeit und das Agieren in wechselnden Netzwerken durch den Verkäufer können beim Kunden zu Irritationen führen.	Gelb und Gelb gesellt sich gerne – Wissensjunkies unter sich. Sie gewähren sich die Freiheit, die jeder für sich beansprucht. Eine gemeinsame Geschäftsbeziehung ist für beide nicht zwingend auf Dauer ausgelegt.	Gelb

2. Matrix: Wie nimmt der Verkäufer den Kunden wahr und was könnte ihn stören?

KUNDE	VERKÄUFER Purpur	VERKÄUFER Rot	VERKÄUFER Blau
Purpur	Beide wissen, wie sie jeweils ticken. Die wichtigsten Entscheidungen sollten die Chefs direkt miteinander treffen. Tendenziell gibt es langfristige Geschäftsbeziehungen, Innovation ist kaum gewünscht.	Der Kunde wird dem Verkäufer unflexibel und entscheidungsunfähig vorkommen. Rot kann mit Neuerungen und attraktiven Preisen hier nicht punkten, sondern wird eher Misstrauen wecken.	Die eindimensionalen Abstimmungsprozesse von Purpur kann der Verkäufer schwer nachvollziehen. Auf den Ebenen Qualität, Langfristigkeit und Verlässlichkeit werden sich beide gut annähern.
Rot	Der Kunde wird für Purpur zu fordernd und gewinnorientiert sein. Rot geht es nur um den eigenen Erfolg – ohne dass die Leistungen von Purpur genügend wertgeschätzt werden. Das aggressive Verhandeln von Rot wird vom Verkäufer als völlig unangemessen empfunden.	Es ist für beide eine Herausforderung, mit ihresgleichen zu verhandeln. Man schenkt sich nichts. Der Blick für den anderen und seine Bedürfnisse ist nur mangelhaft ausgeprägt.	Blau fühlt sich von den Forderungen dieses Kunden getrieben und wird sich hüten, außerhalb seiner Befugnisse ein Zugeständnis zu machen. Die Dominanzbestrebungen von Rot werden vom Verkäufer als unangenehm empfunden.

VERKÄUFER Orange	VERKÄUFER Grün	VERKÄUFER Gelb	KUNDE
Für Orange gibt es auch bei solchen Kunden Erfolgschancen. Ist es nicht sogar eine echte Herausforderung, bei Purpur zu punkten und Tradition mit Moderne zu verbinden?	Grün kann mit der Tradition und dem Verwurzelt-Sein von Purpur gut umgehen, stößt aber an seine Grenzen, wenn auf Kundenseite autoritäre Entscheidungen getroffen werden.	Das Sich-langfristig-binden-Wollen von Purpur wird Gelb nicht gefallen. Planungen weit in die Zukunft möchte der Verkäufer nicht eingehen, während der Kunde genau darauf drängt.	Purpur
Die Power von Rot und der Drive von Orange können zu schnellem Erfolg für beide führen. Orange wird im Zweifel das Tempo zurücknehmen und zusätzliche Aspekte in die Verhandlung einbringen, um sich nicht unüberlegt vom Kunden mitreißen zu lassen.	Gemeinschaftlichkeit und Einbeziehung von Grün wird von Kundenseite nicht genügend geachtet. Auch ist Rot für den Verkäufer viel zu einseitig auf schnellen Erfolg aus. Hier eine gemeinsame Basis zu finden, wird schwer.	Das Verständnis für diesen Kunden hat Gelb durchaus. Dessen Fokussierung auf schnellen Abschluss und den eigenen Vorteil kann Gelb aber kaum überzeugen, in diese Beziehung zu investieren.	Rot

KUNDE	VERKÄUFER Purpur	VERKÄUFER Rot	VERKÄUFER Blau
Blau	Purpur wird schnell Vertrauen in die Kompetenz und festgelegte Entscheidungsbefugnis von Blau fassen, kann aber von einem Zuviel an Vorgaben auch verunsichert werden.	Rot wird schnell genervt sein von all den Vorgaben und Bedingungen auf Kundenseite. Vermutlich wird es schwer, hier überzeugend zum Abschluss zu kommen.	Qualität und Fachkompetenz treffen aufeinander. Verhandlungen werden sachlich geführt und Vorgaben respektiert und eingehalten. Wenn beide zu sehr in ihren Restriktionen gefangen sind, wird eine für beide Seiten zufriedenstellende Lösungsfindung schwierig.
Orange	Das smarte Drängen auf definierte Prozesse und eine flinke Entscheidung wird den Verkäufer verunsichern. Es kann durchaus passieren, dass Purpur an seiner eigenen Souveränität zweifelt.	Beide agieren mit großer Dynamik und Abschlussfreude. Der Kunde scheint dem Verkäufer zunächst ähnlich zu sein, was einen guten Start zulässt.	Die Selbstständigkeit von Orange in Entscheidungen und Prozessabsprachen kann für Blau verunsichernd, aber auch faszinierend sein. Werden Rang und Status respektiert, kann dieser Kunde für Blau eine erfolgreiche Geschäftsbeziehung darstellen.

VERKÄUFER Orange	VERKÄUFER Grün	VERKÄUFER Gelb	KUNDE
Den strikten Vorgaben von Blau mag Orange mit seiner dynamischen Verhandlungsweise nur schwer entsprechen. Jedoch ist dieser Kunde sehr gut berechenbar und kann gerade deshalb für den Verkäufer – mit etwas Geschick und Anpassungsfähigkeit – ein zuverlässiges Geschäft bedeuten.	Profunde Entscheidungsprozesse, faire Verhandlungen und Qualitätssinn nehmen Grün für diesen Kunden ein. Beiden ist der Gemeinschaftssinn vertraut. Einzig das teils starre Einhalten von Hierarchien kann den einbeziehenden und diskussionsfreudigen Verkäufer an seine Grenzen bringen.	Gelb schätzt die Zuverlässigkeit und klaren Regelungen von Blau. Hier lässt sich – wenn man die blauen Bedingungen einhält – auch mit Überzeugungskraft und Wertschätzung ein gutes Geschäft machen.	Blau
Der im Vordergrund stehende Wettbewerb verlangt beiden Partnern viel Energie ab. Bei ähnlicher Fachkompetenz wird es Geschäfte mit für beide Seiten attraktiven Bedingungen geben.	Wenn sich beide auf ihre (evtl. gemeinsamen) Ziele fokussieren, passt es. Für Grün ist es schwierig, dass der Kunde nicht alles diskutieren, sondern für ihn offensichtlich positive Offerten schnell umsetzen will.	Ziel- und Prozessorientierung dieses Kunden sind für Gelb beeindruckend, dessen Gewinnstreben hingegen wird eher als Hemmnis empfunden. Diese Kombination verspricht dennoch erfolgreich zu sein, wenn Gelb sich zeitweise auf den Elan und das Leistungsdenken seines Kunden einlassen will.	Orange

KUNDE	VERKÄUFER Purpur	VERKÄUFER Rot	VERKÄUFER Blau
Grün	Einbeziehung, Kooperation und Wertschätzung von Grün schaffen Vertrauen beim Verkäufer. Jedoch fühlt dieser sich in seiner autoritären und einseitigen Entscheidungshoheit angezweifelt.	Womöglich reist Rot hier schnell der Geduldsfaden, wenn sämtliche Aspekte ausdiskutiert werden sollen. Grün kommt es auf langfristigen Erfolg von Geschäftsbeziehungen an, während der Verkäufer auf schnelle, teils voreilige Umsetzung drängt.	Die von Kundenseite angestrebten hierarchieübergreifenden Dialoge passen nicht ins Konzept von Blau. Fairness, Wertschätzung und Toleranz von Grün lassen den Verkäufer aber in seiner Regelkonformität erfolgreich sein.
Gelb	Purpur wird sich von den vernetzten und multiperspektivischen Ansichten des Kunden schnell überfordert und verunsichert fühlen.	Dieser Kunde wird schwer zu überzeugen sein! Seine Unabhängigkeit – auch von materiellem Erfolg – bietet keinen Anknüpfungspunkt für Rot.	Gelb mag sich überhaupt nicht von Vorgaben und Regeln einengen und gängeln lassen. Wenn der Kunde für sich eine Erweiterung des Horizontes sieht, wird eine Kooperation zustande kommen.

VERKÄUFER Orange	VERKÄUFER Grün	VERKÄUFER Gelb	KUNDE
Die Entscheidungsfindung des Kunden wird Orange jede Menge Geduld abverlangen, auf die der Verkäufer aber proaktiv und in seinem Sinne einwirken kann, wenn er langfristige Vorteile für beide Seiten präsentieren kann.	Grün und Grün werden sich gut einschwingen, wobei die Geschwindigkeit, mit der Projekte umgesetzt werden, stark davon abhängt, wie schnell man im umfassenden Dialog einen Konsens findet.	Gelb will sich nicht binden, was ihm durch den Harmonie- und Gemeinsinn von Grün erschwert wird. Das Abwägen und Diskutieren von Alternativen kann aber auch ihn bereichern, was als positiver Input aufgenommen wird.	Grün
Das recht unverbindliche Agieren dieses Kunden in Netzwerken ist für Orange schwer zu knacken. Überzeugen kann der Verkäufer mit Leistung und Selbstständigkeit, nicht jedoch mit Macht- und Statusbestreben.	Die stark ausgeprägte Individualität des Kunden erschwert Grün das Erreichen langfristiger Kooperationen. Durch Integration und Partizipation können hier hochwertige, wenn auch nicht dauerhafte Partnerschaften geschaffen werden.	Hier handelt es sich um »Instant«- Beziehungen, also wechselnde Kooperationen, die jederzeit gelöst, aber später auch auf derselben Ebene wieder aufgenommen werden können. Beide lassen sich gegenseitig die nötige Freiheit.	Gelb

Anmerkungen

1 Umfrage Oktober bis November 2014, XING-Gruppe »Vertrieb und Verkauf«; 152 Teilnehmer füllten die Onlineanalyse der 9 Levels of Value Systems aus. Die detaillierten Ergebnisse liegen den Autoren vor.
2 Grün (2006), S. 13
3 Beck (2006)
4 »Leadership im Topmanagement deutscher Unternehmen«, Rochus Mummert 2012
5 3. International Index of Corporate Values des Ecco Unternehmensnetzwerkes 2013
6 Beck (2006)
7 Krumm / Parstorfer (2014)
8 Graves (1966)
9 Beck / Cowan (1996)
10 Dobbelstein / Krumm (2012)
11 Caspers et al. (2012)
12 Graves (1961)
13 Brandt-Biesler (2013)
14 Peters / Waterman (1994)
15 Krumm (2014b)
16 Umfrage im Rahmen des Projekts »Was wird aus den ›Digital Natives‹?« der Hamburg Media School in Kooperation mit XING, www.hamburgmediaschool.com
17 Hurrelmann / Albrecht (2014), Kapitel 1 bzw. Kapitel 2
18 Thiele (2014)
19 Beck (2006)
20 Schulz (2013)
21 Cialdini (2004), S. 43 ff.
22 Gunter Pauli: »Blue Economy« Vortrag auf dem Entrepreneurship Summit 2014, Berlin, Youtube, Entrepreneurship TV: https://www.youtube.com/watch?v=CQo2Jrar8mM am 19.12.2014
23 faktor-x »blue-economy«, November 2011 , Interview mit Gunter Pauli: http://www.faktor-x.info/wirtschaft/blue-economy-november-2011/interview-gunter-pauli.html am 19.12.2014

24 Vgl. Katie / Mitchell (2004)
25 »The Work« www.thework.com
26 Vgl. Bär-Sieber / Krumm / Wiehle (2015)

Abbildungsverzeichnis

Literaturverzeichnis

Bücher / Studien

Bär-Sieber, M. / Krumm, R. / Wiehle, H.: Unternehmen verstehen, gestalten, verändern. Das Graves-Value-System in der Praxis, Gabler Verlag / Springer Fachmedien, Wiesbaden 2015

Beck, D. E. / Cowan, C. C.: Spiral Dynamics. Mastering Values, Leadership and Change, Blackwell Publishing, Williston 1996

Brandt-Biesler, F.: Smart Selling. Köpfchen statt Hardcore, Midas Verlag, Zürich 2013

Cialdini, R.: Die Psychologie des Überzeugens, Verlag Hans Huber, Bern 2004

Ecco Unternehmensnetzwerk: 3. International Index of Corporate Values, 2013

Graves, C. W. / Lee, W. R. (Hrsg.): Levels of Human Existence, ECLET Publishing, Santa Barbara 2002

Graves, C. W. / Cowan, C. C. / Todorovic N. (Hrsg.): The Never Ending Quest, ECLET Publishing, Santa Barbara 2005

Grün, A.: Führen mit Werten, Olzog Verlag, München 2006

Hurrelmann, K. / Albrecht, E.: Die heimlichen Revolutionäre. Wie die Generation Y unsere Welt verändert, Beltz Verlag, Weinheim 2014

Krumm, R.: 9 Levels of Value Systems, Werdewelt Verlag & Medienhaus, Haiger 2014a

Krumm, R.: 30 Minuten. Werteorientiertes Führen, GABAL Verlag, Offenbach 2014b

Krumm, R. / Geissler, C.: Outbound-Praxis. Aktives Verkaufen am Telefon erfolgreich planen und umsetzen, 3. Aufl., Gabler Verlag, Wiesbaden 2008

Krumm, R. / Parstorfer, B.: Clare W. Graves: Sein Leben, sein Werk, Werdewelt Verlag & Medienhaus, Haiger 2014

Peters, T. / Waterman, R.: Auf der Suche nach Spitzenleistungen, mvg Verlag, Landsberg 1994

Rochus Mummert: Leadership im Topmanagement deutscher Unternehmen, München 2012

Zeitungen und Zeitschriften

Caspers, S. et al.: Dissociated Neural Processing for Decisions in Managers and Non-Managers. In: PLOS ONE 7 (8): e43537. doi:10.1371/journal.pone.0043537, 2012

Dobbelstein, T. / Krumm, R.: 9 Levels for Value Systems. Development of a scale for level-measurement: In: Journal of Applied Leadership and Management, Vol. 1, 2012, S. 4–19

Graves, C. W.: On the theory of ethical behavior. Paper, presented at the First Unitarian Society of Schenectady, New York 1961

Graves, C. W.: Deterioration of Work Standards. In: Harvard Business Review, 44 (5), 1966, S. 117–128

Schulz, J.: Google-Boss Page beendet Erfolgsprogramm, Süddeutsche Zeitung, 17.08.2013

Thiele, C.: Die Frau fürs Grüne, DIE ZEIT, Nr. 32 / 2014

Audiodokumente

Beck, D.: Spiral Dynamics Integral. Sounds True, Boulder, 2006

Katie, B. / Mitchell, S.: Loving what is, Hörbuch, Phoenix Books, 2004

Register

Über die Autoren

Franziska Brandt-Biesler ist seit 2000 Verkaufs-
und Verhandlungstrainerin im B2B-Vertrieb.
Vor dieser Zeit arbeitete sie selbst im B2B-Au-
ßendienst und auch heute noch führt sie regelmäßig Verkaufsgespräche und Verhandlungen.
Mit ihren Trainings, Coachings und Vorträgen
unterstützt sie Vertriebsprofis aus den verschiedensten Branchen wie Maschinenbau, Sport-
hersteller, IT und mehr. Sie ist zudem Lehrbeauf-
tragte an der Hochschule Luzern. 2012 gewann
Franziska Brandt-Biesler mit einem Seminar-
konzept für den Pharmaverkauf den Internationalen Deutschen Trainings-Preis in Bronze. Fünf
Jahre lang war sie parallel zu ihrer Trainertätig-
keit Chefredakteurin des »Verkaufsprofi«.
www.franziskabrandtbiesler.ch
info@franziskabrandtbiesler.ch

Rainer Krumm, Geschäftsführer des 9 Levels
Institute for Value Systems und der axiocon
GmbH, ist Managementtrainer, Berater, Coach
und Autor. In über 20 Ländern hat er inter-
nationale Unternehmen, Führungskräfte und
Teams begleitet, beraten, trainiert und gecoacht.
Er gilt als einer der erfahrensten internationalen Berater und Trainer im Bereich Unterneh-
menskultur und Change Management. Mit dem
auf der Entwicklungspsychologie von Professor
Clare W. Graves basierenden Modell der 9 Levels hat er ein Analysetool entwickelt, welches
Wertesysteme bei Personen, Gruppen und Organisationen greif- und messbar macht.
www.9levels.de
info@9levels.de

Whitebooks

Kompetentes Basiswissen für Ihren
beruflichen und persönlichen Erfolg.

Lothar Seiwert
Zeit zu leben

ISBN
978-3-86936-635-7
D € 19,90
A € 20,50

Josef W. Seifert
**Besprechungen
erfolgreich
moderieren**

ISBN
978-3-86936-639-5
D € 17,90
A € 18,50

Hans-Georg Willmann
Erfolg durch Willenskraft
ISBN 978-3-86936-638-8
D € 19,90 / A € 20,50

Peter Brandl
Kommunikation
ISBN 978-3-86936-636-4
D € 19,90 / A € 20,50

Katja Porsch
Verkaufsprofiling
ISBN 978-3-86936-637-1
D € 19,90 / A € 20,50

Stefanie Demann
Selbstcoaching für Führungskräfte
ISBN 978-3-86936-603-6
D € 19,90 / A € 20,50

Katja Ischebeck
Erfolgreiche Trainingskonzepte
ISBN 978-3-86936-602-9
D € 29,90 / A € 30,80

S. Richter-Kaupp, G. Braun,
V. Kalmbacher
Business Coaching
ISBN 978-3-86936-600-5
D € 24,90 / A € 25,60

 Alle Titel auch als E-Book erhältlich

gabal-verlag.de

Dein Business

Aktuelle Trends und innovative Antworten
auf brennende Fragen in den Bereichen
Business und Karriere.

GABAL

Dein Leben · Dein Business · Dein Erfolg

**Svenja Hofert,
Thorsten Visbal
Die Teambibel**

ISBN
978-3-86936-632-6
D € 29,90
A € 30,80

**Katharina
Maehrlein (Hrsg.)
Soul@Work**

ISBN
978-3-86936-631-9
D € 29,90
A € 30,80

Jeannine Halene, Hermann Scherer
Marketing jenseits vom Mittelmaß
ISBN 978-3-86936-633-3
D € 49,00 / A € 50,40

Markus Brand, Frauke Ion,
Sonja Wittig (Hrsgg.)
Handbuch der Persönlichkeitsanalysen
ISBN 978-3-86936-634-0
D € 59,90 / A € 61,60

Chris Brügger, Jiri Scherer
Denkmotor
ISBN 978-3-86936-597-8
D € 24,90 / A € 25,60

Markus Jotzo
Der Chef, den keiner mochte
ISBN 978-3-86936-594-7
D € 24,90 / A € 25,60

Arno Fischbacher
Voice sells!
ISBN 978-3-86936-592-3
D € 24,90 / A € 25,60

Jacqueline Groher
FührungsKRAFT
ISBN 978-3-86936-596-1
D € 24,90 / A € 25,60

Alle Titel auch als E-Book erhältlich

gabal-verlag.de

Dein Leben

Inspirierende Impulse und praktische Tipps, die Ihr Leben leichter, besser und schöner machen.

GABAL
Dein Business
Dein Leben
Dein Erfolg

Cordula Nussbaum
Geht ja doch!

ISBN
978-3-86936-626-5
D € 24,90
A € 25,60

Christo Foerster
Neo Nature

ISBN
978-3-86936-629-6
D € 24,90
A € 25,60

Rainer Biesinger
The Fire of Change
ISBN 978-3-86936-630-2
D € 24,90 / A € 25,60

Gill Hasson
Achtsamkeit
ISBN 978-3-86936-627-2
D € 19,90 / A € 20,50

Steve Kroeger
Leichtigkeit
ISBN 978-3-86936-628-9
D € 14,90 / A € 15,40

Timothy Ferriss
Der 4-Stunden-(Küchen-)Chef
ISBN 978-3-86936-585-5
D € 49,90 / A € 51,40

Sylvia Löhken
Leise Menschen – starke Wirkung
ISBN 978-3-86936-327-1
D € 24,90 / A € 25,60

Rob Symington, Dom Jackman, Mikey Howe
Das Escape-Manifest
ISBN 978-3-86936-554-1
D € 24,90 / A € 25,60

Alle Titel auch als E-Book erhältlich

gabal-verlag.de

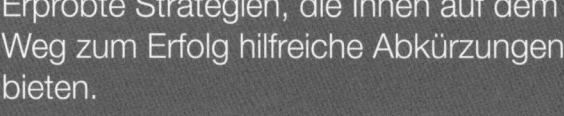

Dein Erfolg

Erprobte Strategien, die Ihnen auf dem Weg zum Erfolg hilfreiche Abkürzungen bieten.

GABAL

Dein Business

Dein Leben

Dein Erfolg

Paul Johannes Baumgartner
Das Geheimnis der Begeisterung
ISBN
978-3-86936-590-9
D € 24,90
A € 25,60

Ilja Grzeskowitz
Die Veränderungs-Formel
ISBN
978-3-86936-591-6
D € 29,90
A € 30,80

Stephen R. Covey
Die 7 Wege zur Effektivität
ISBN 978-3-89749-573-9
D € 24,90 / A € 25,60

Frauke Ion
Ich sehe was, was du nicht siehst
ISBN 978-3-86936-595-4
D € 34,90 / A € 35,90

Devora Zack
Networking für Networking-Hasser
ISBN 978-3-86936-333-2
D € 24,90 / A € 25,60

Ardeschyr Hagmaier
Ente oder Adler
ISBN 978-3-89749-591-3
D € 24,90 / A € 25,60

Barbara Schneider
Fleißige Frauen arbeiten, schlaue steigen auf
ISBN 978-3-89749-912-6
D € 19,90 / A € 20,50

Lutz Langhoff
Die Kunst des Feuermachens
ISBN 978-3-86936-553-4
D € 29,90 / A € 30,80

Alle Titel auch als E-Book erhältlich

gabal-verlag.de

Augen zu, Ohren auf!
Diese Bücher können sich hören lassen.

GABAL

Ungekürzte Hörbuchfassungen

Sylvia Löhken
Intros und Extros

ISBN 978-3-86936-611-1
D € 49,90 / A € 56,00

Steffen Ritter
Verkaufen kann von selbst laufen

ISBN 978-3-86936-649-4
D € 29,90 / A € 33,60

Hartmut Laufer
Praxis erfolgreicher Mitarbeitermotivation

ISBN 978-3-86936-650-0
D € 39,90 / A € 44,80

Hermann Scherer
Der Weg zum Topspeaker

ISBN 978-3-86936-624-1
D € 49,90 / A € 56,00

Anne M. Schüller
Das Touchpoint-Unternehmen

ISBN 978-3-86936-614-2
D € 49,90 / A € 56,00

Stephen R. Covey
Die 7 Wege zu effektivem Network-Marketing

ISBN 978-3-86936-646-3
D € 39,90 / A € 44,80

Sháá Wasmund, Richard Newton
Nicht reden, machen!

ISBN 978-3-86936-648-7
D € 29,90 / A € 33,60

Devora Zack
Networking für Networking-Hasser

ISBN 978-3-86936-647-0
D € 39,90 / A € 44,80

Alle Titel auch als MP3-Download erhältlich

gabal-verlag.de